Michael Faraday

Experimental-Untersuchungen über Elektrizität

XIV und XV Reihe

Michael Faraday

Experimental-Untersuchungen über Elektrizität
XIV und XV Reihe

ISBN/EAN: 9783744628921

Hergestellt in Europa, USA, Kanada, Australien, Japan

Cover: Foto ©berggeist007 / pixelio.de

Weitere Bücher finden Sie auf **www.hansebooks.com**

OSTWALD'S KLASSIKER
DER
EXAKTEN WISSENSCHAFTEN

8. Gebunden.

Es sind bis jetzt erschienen aus den Gebieten der
Physik und Astronomie:

Experimental-Untersuchungen

über

Elektricität

von

Michael Faraday.

(Aus den Philosoph. Transact. f. 1838.)

———

Herausgegeben

von

A. J. von Oettingen.

XIV. und XV. Reihe.

Mit zwei Figuren im Text.

———•—•—•———

Leipzig

Verlag von Wilhelm Engelmann

1902.

6. Experimental-Untersuchungen über Elektricität

von

Michael Faraday.

Vierzehnte Reihe.[1])

(Philosoph. Transact. f. 1838. — Pogg. Ann. Ergänz.-Band I.)

XX. Natur der elektrischen Kraft oder Kräfte.

1667. Die in den drei vorhergehenden Reihen von Experimental-Untersuchungen (Klass. Heft 126 und 128) aufgestellte und erläuterte Vertheilungstheorie lehrt in Bezug auf die Natur der elektrischen Kraft oder Kräfte nichts Neues, sondern bloss in Bezug auf deren Vertheilung (Distribution). Die Wirkungen können abhängen entweder von einer Verknüpfung Einer elektrischen Flüssigkeit mit den Theilchen der Körper, wie nach der Theorie von *Franklin*, *Aepinus*, *Cavendish* und *Mossotti*; oder von der Verknüpfung zweier elektrischen Flüssigkeiten, wie nach der Theorie von *Dufay* und *Poisson*; oder auch von keinem Ding, was eigentlich elektrisches Fluidum genannt werden kann, sondern von Schwingungen oder anderen Abänderungen (*affections*) der Materie, in welcher sie erscheinen. Dergleichen Verschiedenheiten in der Ansicht über die Natur der Kräfte haben keinen Einfluss auf die Theorie, und wiewohl diese sich die wichtige Aufgabe gestellt, anzugeben, wie die Kräfte geordnet seien (wenigstens bei den Vertheilungserscheinungen), so liefert sie doch, so weit ich bis jetzt sehen kann, nicht einen einzigen Versuch, welcher als ein entscheidender Beweis der Wahrheit dieser verschiedenen Ansichten betrachtet werden könnte.

1*

1668. Allein die Ermittlung, wie die Kräfte geordnet seien, die Verfolgung derselben in ihre verschiedenen Beziehungen zu den Körpertheilchen, die Bestimmung ihrer allgemeinen Gesetze und der specifischen Unterschiede, welche bei diesen Gesetzen vorkommen, ist eben so wichtig, wenn nicht wichtiger als die Kenntniss, ob die Kräfte in einer Flüssigkeit beruhen oder nicht; und in der Hoffnung, diese Untersuchung zu unterstützen, will ich einige fernere theoretische und experimentelle Entwicklungen geben von den Umständen, unter welchen, wie ich annehme, die Körpertheilchen befindlich sind, wenn sie Vertheilungserscheinungen zeigen.

1669. Die Theorie nimmt an, dass alle Theilchen sowohl von isolirenden als leitenden Substanzen, als Ganze, Leiter sind.

1670. Dass sie in ihrem Normalzustand nicht polar sind, es aber durch den Einfluss benachbarter geladener Theilchen werden können, und der Polarzustand in einem Augenblick entwickelt werden kann, genau wie in einer isolirten leitenden Masse von vielen Theilchen.

1671. Dass die Theilchen, polarisirt, in einem Zwangszustand befindlich sind, und in ihren normalen oder natürlichen Zustand zurückzukehren suchen.

1672. Dass sie, da sie, als Ganze, Leiter sind, leicht geladen werden können, entweder massenhaft oder polar (*bodily or polarly*).

1673. Dass Theilchen, welche in der Linie der Vertheilungswirkung an einander liegen, ihre Polarkräfte mehr oder weniger leicht einander mittheilen oder auf einander übertragen können.

1674. Dass in denen, die dieses weniger leicht thun, die Polarkräfte auf einen höheren Grad steigen, bevor diese Uebertragung oder Mittheilung stattfindet.

1675. Dass die leichte Mittheilung der Kräfte zwischen angrenzenden Theilchen: Leitung, und die schwierige: Isolation ausmacht, dass Leiter und Isolatoren Körper sind, deren Theilchen von .Natur die Eigenschaft besitzen, ihre respectiven Kräfte leicht oder schwierig mitzutheilen, und dass die Körper in dieser Hinsicht gerade so verschieden sind, wie in andern natürlichen Eigenschaften.

1676. Dass die gewöhnliche Vertheilung das Resultat ist der Einwirkung der mit erregter oder freier Elektricität geladenen Substanz auf isolirende Substanz, und in dieser

den entgegengesetzten Zustand zu gleichem Betrage zu erregen sucht.

1677. Dass die geladene Substanz dies nur vermag durch
Polarisation der dicht angrenzenden Theilchen, welche dasselbe bei den nächsten bewirken, diese wiederum bei den
folgenden, und dass so die Wirkung fortgepflanzt wird von
dem erregten Körper zu der nächsten leitenden Masse, und
daselbst die entgegengesetzte Kraft sichtbar macht, in Folge
des Effects der Mittheilung, welche in der leitenden Masse
nach der Polarisation der Theilchen (*of that body*) hinzutritt
(1675).

1678. Dass Vertheilung deshalb nur durch Isolatoren hin
stattfinden kann; dass Vertheilung Isolation ist, und die nothwendige Folge des Zustands der Theilchen und der Art, wie
der Einfluss elektrischer Kräfte quer durch solche isolirende
Media fortgepflanzt oder durchgelassen wird.

1679. Die Theilchen eines isolirenden Dielektricum, das
unter Vertheilung steht, kann verglichen werden mit einer
Reihe kleiner Magnetnadeln, oder, noch richtiger, mit einer
Reihe kleiner isolirter Conductoren. Wenn der Raum rings
um eine geladene Kugel gefüllt wäre mit einem Gemenge von
einem isolirenden Dielektricum, wie Terpentinöl oder Luft,
und kleinen kugelförmigen Leitern, wie Schrot, in der Weise,
dass diese etwas von einander abständen um isolirt zu sein, so
würden diese in ihrem Zustand und ihrer Wirkung genau dem
ähneln, was, wie ich glaube, der Zustand und die Wirkung
der Theilchen des isolirenden Dielektricum selbst ist. Wäre
der Körper geladen, so würden alle diese kleinen Leiter polar;
würde man die Kugel entladen, so würden alle in ihren Normalzustand zurückkehren, um bei Wiederladung der Kugel abermals
polarisirt zu werden. Der mittelst Vertheilung quer durch solche
Theilchen in einer entfernten leitenden Masse erregte Zustand
würde von entgegengesetzter Art sein, und im Betrage genau
gleich der Kraft der vertheilenden Kugel. Es würde daselbst
eine Seitenverbreitung der Kraft (1224. 1297) stattfinden, weil
jedes polarisirte Kügelchen in einer thätigen oder Spannungs-
beziehung zu allen ihm benachbarten stände, gerade so wie
ein Magnet auf zwei oder mehre benachbarte Magnetnadeln
wirken kann, und diese wiederum auf eine noch grössere Zahl
jenseits liegende wirken können. Hieraus würden krumme

Linien der Vertheilungskraft entstehen, wenn der vertheilte
Körper in solch einem gemischten Dielektricum eine unisolirte
metallische Kugel (1219 etc.) oder andere gehörig geformte
Masse wäre. Solche krummen Linien sind die Folgen zweier
elektrischen Kräfte, so geordnet wie ich es annehme; und dass
die Vertheilungskraft nach solchen krummen Linien gerichtet
werden kann, ist der strengste Beweis des Daseins der beiden
Kräfte und des Polarzustands der dielektrischen Theilchen.

1680. Ich glaube, es ist einleuchtend, dass in dem an-
gegebenen Fall die Wirkung in die Ferne nur aus einer
Wirkung der anliegenden leitenden Theilchen hervorgehen
kann. Kein Grund ist da, warum der vertheilende Körper
entfernte Leiter polarisiren oder afficiren, und die benachbarten, namentlich die Theilchen des Dielektricums, unafficirt
lassen sollte; alle Thatsachen und Versuche mit leitenden
Massen oder Theilchen von beträchtlicher Grösse widersprechen
einer solchen Voraussetzung.

1681. Ein auffallender Charakter der elektrischen Kraft
ist der, dass sie begrenzt und ausschliesslich (*limited and
exclusive*) ist, und dass die beiden Kräfte immer zu genau
gleichem Betrage vorhanden sind. Die Kräfte sind auf zweierlei
Weisen verknüpft, entweder wie in dem natürlichen, normalen
Zustande eines ungeladenen, isolirten Leiters, oder wie in
dem geladenen Zustande; der letztere ist ein Fall von Vertheilung.

1682. Fälle von Vertheilung sind leicht so geordnet, dass
die beiden Kräfte, als begrenzt in ihrer Richtung, ausserhalb
des angewandten Apparats keine Erscheinungen oder Anzeigen
darbieten. Wenn z. B. eine Leidner Flasche, deren äussere
Belegung etwas höher als die innere ist, geladen wird, und
man darauf die Ladungs-Kugel und Stange entfernt, so zeigen
sich keine elektrischen Erscheinungen, so lange ihre Aussenseite abgeleitet ist. Die beiden Kräfte, welche so zu sagen in
den Belegen oder in den benachbarten Theilchen des Dielektricums enthalten sind, sind vermittelst Vertheilung quer durch
das Glas ganz mit einander beschäftigt (*engaged*); und eine
Tragekugel (1181) wird, nach Anlegung an die Aussen- oder
Innenseite der Flasche, keine Anzeigen von Elektricität geben.[2]
Wenn man aber die Flasche isolirt, und Ladungs-Kugel und
Stange, im ungeladenen Zustande und hängend an einem isolirten Faden weisser Seide, wieder an ihren Ort bringt, so
wird der über die Flasche hervorragende Theil elektrische

Anzeigen geben und die Tragekugel laden, und zugleich wird man finden, dass der **äussere** Beleg der Flasche im entgegengesetzten Zustande ist und auf umgebende Gegenstände vertheilend wirkt.

1683. Dies sind einfache Folgen der Theorie. So lange die Ladung des inneren Belegs nur durch das Glas auf den äusseren Beleg vertheilend wirken kann, und dieser letztere nicht mehr von entgegengesetzter Kraft, als was jener äquivalent war, enthält, kann an der Flasche keine Vertheilung nach aussen wahrgenommen werden. So wie aber der innere Beleg durch den Stab und die Kugel so erweitert wird, dass er durch die Luft auf äussere Gegenstände vertheilend wirken kann, sinkt die Spannung der polarisirten Glastheilchen, vermöge ihrer Neigung in den Normalzustand zurückzukehren, ein wenig, und ein Theil der Ladung, der zu der Oberfläche dieses neuen Theils des innern Conductors übergeht, wirkt vertheilend durch die Luft auf ferne Gegenstände, während zugleich ein zuvor nach innen gerichteter Theil der Kraft in dem äusseren Belege in Freiheit gesetzt wird; und, nun gezwungen durch die Luft hin nach aussen vertheilend zu wirken, in diesem äusseren Beleg dasjenige erzeugt, was man, ich glaube sehr ungeeignet, freie Ladung genannt hat. Eine kleine Leidner Flasche, der man die unter dem Namen des elektrischen Brunnens bekannte Gestalt gegeben, wird diese Wirkung sehr vollständig erläutern.

1684. Die Ausdrücke: **freie Ladung** und **gebundene Elektricität** (*dissimulated electricity*) führen daher zu irrigen Begriffen, wenn damit irgend ein Unterschied in der Art oder Weise der Wirkung bezeichnet sein soll. Die Ladung auf einem isolirten Leiter in der Mitte eines Zimmers steht zu den Wänden dieses Zimmers in derselben Beziehung, wie die Ladung auf dem innern Belege einer Leidner Flasche zu dem äusseren Belege derselben Flasche. Die eine ist nicht **freier** oder **gebundener** als die andere, und wenn wir zuweilen Elektricität hervorrufen, wo sie früher nicht nachzuweisen war, wie auf der Aussenseite einer geladenen Flasche; wenn wir, nach deren Isolirung, die innere Belegung berühren, so geschieht dies nur, weil wir mehr oder weniger von der Vertheilungskraft aus der einen Richtung in die andere lenken; denn unter solchen Umständen wird in dem Charakter oder der Wirkung der Kraft nicht die geringste Veränderung bewirkt.[3])

1685. Nach dieser allgemeinen theoretischen Ansicht will ich nun zu besonderen Punkten in Betreff der Natur der angenommenen elektrischen Polarität der Theilchen des isolirenden Dielektricums übergehen.

1686. Der Polarzustand bei der gewöhnlichen Vertheilung kann betrachtet werden als ein Zwangszustand, aus dem die Theilchen in ihren Normalzustand zurückzukehren suchen. Durch gegenseitige Näherung des vertheilenden und vertheilten Körpers oder durch andere Umstände kann er wahrscheinlich zu einem hohen Grad gesteigert werden, und die Phänomene der Elektrolysirung (861. 1652. 1706) scheinen anzudeuten, dass das Verhältniss der Kraft, die so in einem einzigen Theilchen angehäuft werden kann, ungeheuer ist. In Zukunft mögen wir im Stande sein, Corpuscularkräfte wie die der Schwere, Cohäsion, Elektricität und chemischen Verwandtschaft mit einander zu vergleichen und auf diese oder andere Weise ihre relativen Aequivalente aus ihren Effecten abzuleiten; für jetzt vermögen wir es nicht; allein es scheint keinem Zweifel zu unterliegen, dass ihre elektrischen Kräfte, die zugleich ihre chemischen sind (891. 918) bei weitem die mächtigsten sind.

1687. Die durch die Polarisation entwickelten Kräfte betrachte ich nicht als beschränkt auf zwei besondere als Pole einer Axe anzusehende Punkte oder Stellen der Oberfläche eines jeden Theilchens, sondern als verweilend auf grossen Stücken dieser Oberfläche, wie es der Fall ist auf der Oberfläche eines in den Polarzustand versetzten Leiters von bedeutender Grösse. Allein es ist sehr wahrscheinlich, dass, ungeachtet der specifischen Unterschiede, welche die Theilchen verschiedener Körper in dieser Beziehung darbieten, die obwohl in Menge gleichen Kräfte nicht gleichmässig vertheilt sind; auch andere Umstände, wie Form und Qualität, geben jedem eine besondere Polar-Relation. Vielleicht sind es dergleichen Unterschiede, denen wir die specifischen Wirkungen verschiedener Dielektrica in Bezug auf Entladung zuschreiben müssen (1394. 1508). So zeigen Sauerstoff- und Stickgas sonderbare Contraste, wenn Funken- oder Büschelentladungen in ihnen hervorgerufen werden (siehe die Tafel in 1518; denn im Stickgas, wenn die kleine negative oder die grosse positive Kugel vertheilend gemacht worden, entsprechen die Erscheinungen denen, welche im Sauerstoff stattfinden, wenn die kleine positive oder die grosse negative vertheilend ist.

1688. In starren Körpern, wie Glas, Schellack, Schwefel u. s. w. scheinen die Theilchen nach allen Richtungen polarisirt werden zu können, denn wenn man eine solche Masse auf ihre Vertheilungsfähigkeit nach drei oder mehreren Richtungen untersucht (1690), findet man keine Unterschiede. Da nun die Theilchen in der Masse befestigt sind, und die Vertheilung durch sie ihre Richtung ändern muss mit einer Aenderung gegen die Masse, so zeigen die constanten Effecte, dass sie sich in jeder Richtung elektrisch polarisiren können. Dies stimmt zu der schon gefassten Ansicht, dass jedes Theilchen als Ganzes ein Leiter ist (1669), und hilft, als eine experimentelle Thatsache, diese Ansicht unterstützen.

1689. Wiewohl indess die Theilchen sich unter dem Einfluss von Kräften, die vermuthlich äusserst energisch sind (1686), nach jeder Richtung polarisiren können, so folgt doch nicht, dass nicht jedes Theilchen sich in einer Richtung mehr als in einer andern bis zu höherem Grade oder mit grösserer Leichtigkeit polarisiren könnte, oder dass nicht verschiedenartige Theilchen in dieser Beziehung specifische Unterschiede darbieten könnten, wie sie Unterschiede in Leitvermögen und anderen Fähigkeiten besitzen (1296. 1326. 1395). Ich suchte ängstlich nach einer Relation dieser Art, und wählte deshalb zum Experiment krystallisirte Körper, weil sie alle ihre Theilchen in symmetrischer Lage haben, und daher am besten geeignet sind, ein Resultat anzuzeigen, welches von einer Veränderung der Richtung der Kräfte mit der Richtung der Theilchen, in denen sie entwickelt werden, abhängen könnte. Besonders trieben mich die elektrischen Eigenschaften des Turmalins und Boracits zu dieser Untersuchung an, und ich hoffte auch eine Beziehung zwischen der elektrischen Polarität und der der Krystallisation oder gar zu der Cohäsion selbst (1316) zu entdecken. Allein meine Versuche haben keinen Zusammenhang der gesuchten Art nachweisen können. Da ich es indess für gleich wichtig halte, zu zeigen, dass es eine solche Beziehung gebe oder keine, so werde ich meine Resultate kurz beschreiben.

1690. Die Form des Experiments war folgende. Eine Messingkugel von 0,73 Zoll Durchmesser, befestigt an dem Ende eines horizontalen Messingstabs, der am Ende eines Messingcylinders sass, war mittelst des letzteren vollkommen metallisch verbunden mit einer grossen Leidner Batterie (291), in der Absicht, sie durch die Verbindung mit der geladenen

Batterie jedesmal eine halbe Stunde lang in einem sehr nahe
gleichförmigen elektrischen Zustande zu erhalten. Diese Kugel
war die vertheilende.   Die vertheilte Kugel war die Tragekugel des Torsions-Elektrometer (1229. 1314); und das Dielektricum zwischen beiden war ein Würfel, so geschnitten aus
einem Krystall, dass zwei seiner Seiten parallel der optischen
Axe, und die vier anderen senkrecht auf ihr waren.[4])   Ein
Stückchen Schellack war angebracht auf der vertheilenden
Kugel, gegenüber der Stelle, wo sie an dem Messingstab befestigt war, um einen wirklichen Contact zwischen der Kugel
und dem Krystall zu verhindern.   Auch die Tragekugel war
auf der dem Würfel zugewandten Seite, die zugleich, wenn
die Kugel in dem Elektrometer ihre Stelle einnahm, die fernste

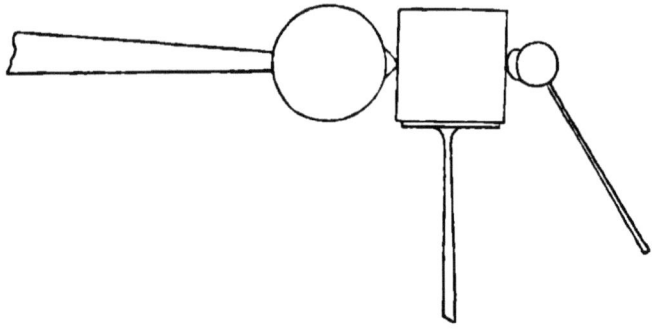

Fig. 1.

von der abgestossenen Kugel war, mit einer Lage Schellack
bekleidet.   Der Würfel war mit einer dünnen Lage von in
Alkohol gelöstem Schellack überzogen, um die Ablagerung
von Feuchtigkeit aus der Luft auf seine Oberfläche zu verhüten; und er lag auf einer kleinen Tafel Schellack, die von
einer Schellackstange getragen ward; letztere war stark genug,
um den Würfel zu tragen, doch aber auch, vermöge ihrer
Länge, so biegsam, um zu federn, und den Würfel gegen das
Schellack der vertheilenden Kugel zu drücken (siehe Fig. 1).
    1691. Auf diese Weise war es leicht, die vertheilte
Kugel immer in denselben Abstand von der vertheilenden zu
bringen, sie daselbst zu unisoliren und wieder zu isoliren, und
dann, nach Messung der Kraft im Elektrometer (1181), behufs
einer zweiten Beobachtung, an ihren Ort, der vertheilenden

Kugel gegenüber, zurückzuführen. Auch konnte man leicht durch Drehung des Gestells, welches den Würfel trug, vier seiner Seiten folgweise gegen die vertheilende Kugel bringen und die Kraft für die Fälle beobachten, dass die Linien der Vertheilungswirkung (1304) entweder mit der Richtung der optischen Axe des Krystalls zusammenfielen oder winkelrecht auf ihr waren. Gewöhnlich wurden an den vier Seitenflächen des Würfels 20 bis 28 Beobachtungen hintereinander gemacht und aus ihnen das Mittel genommen, und dieses mit ähnlichen zu anderen Zeiten erhaltenen Mittelwerthen verglichen, alles mit jeder Sorgfalt, um genaue Resultate zu erlangen.

1692. Zunächst wurde ein Würfel von Bergkrystall angewandt; er hielt 0,7 Zoll in Seite. Das Mittel aus nicht weniger als 197 Beobachtungen gab, mit einem merkwürdigen und constanten Unterschied, 100 für die specifische Vertheilungs-Fähigkeit in Richtung der optischen Axe des Würfels, dagegen 93,59 und 93,31 für die in den beiden darauf winkelrechten Richtungen.

1693. Allein mit einem zweiten Würfel von Bergkrystall wurden keine entsprechenden Resultate erhalten. Er hielt 0,77 Zoll in Seite. Das Mittel aus vielen Versuchen gab 100 für die specifische Vertheilungsfähigkeit in Richtung der optischen Axe, und 98,6 und 99,92 für die in den beiden anderen Richtungen.

1694. Lord *Ashley*, welchen ich immer zur Beförderung der Wissenschaft geneigt fand, lieh mir zum Behufe dieser Untersuchung drei Ihro Durchlaucht der Herzogin von Sutherland gehörige Kugeln von Bergkrystall. Zwei derselben hatten so feine Risse, dass sie für diese Versuche unbrauchbar waren (1193. 1698); die dritte, die viel besser war, gab mir keine Anzeige von irgend einem Unterschied der Vertheilungskraft in verschiedenen Richtungen.

1695. Hierauf wandte ich Würfel von Kalkspath an. Einer, der 0,5 Zoll im Durchmesser hielt, gab 100 für die Axenrichtung, und 98,66 und 95,74 für die beiden Querrichtungen. Der andere, 0,8 Zoll in Seite, gab 100 für die Axenrichtung und 101,73 und 101,86 für die Querrichtungen.

1696. Ausser diesen Unterschieden zeigten sich andere, die anzuführen ich indess nicht für nützlich halte, da sich der Hauptpunkt nicht bestätigt fand. Denn wiewohl die Experi-

mente mit dem ersten Würfel grosse Erwartungen erregten, so
wurden sie doch nicht durch die mit den übrigen verall-
gemeinert. Ich halte die Resultate mit jenem Würfel nicht
für zweifelhaft, kann sie aber nicht der Krystallisation zuschreiben. Es sind in dem Würfel schwach gefärbte Schichten
parallel der optischen Axe vorhanden, und der Farbstoff derselben mag einigen Einfluss haben; allein dann sind auch die
Schichten nahe parallel einer der Querrichtungen, und, wenn
sie überhaupt von Einfluss wären, müssten sie auch in dieser
Richtung einige Wirkung zeigen, was sie indess nicht thun.

1697. Bei einigen Versuchen zeigte die eine Hälfte oder
ein Theil des Würfels eine Ueberlegenheit über einen andern
Theil, und dies konnte ich nicht einer von den verschiedenen
Theilen erhaltenen Ladung zuschreiben. Es fand sich indess,
dass das Ueberfirnissen des Würfels hinreichend war, sie von
der Annahme einer Ladung abzuhalten, ausgenommen (in
wenigen Versuchen) einen geringen Grad vom negativen Zustand oder dem entgegengesetzten der vertheilenden Kugel
(1564. 1566).

1698. So weit ich sehen konnte, war übrigens das Iso-
lationsvermögen der angewandten Würfel vollkommen, oder
wenigstens so vollkommen, dass es einen Vergleich mit Schellack,
Glas, u. s. w. ertrug. Betreffend die Ursache der Unterschiede,
so kann es deren, ausser der regelmässigen Krystallstructur,
mehre geben. So können kleine, dem Auge unwahrnehmbare
Risse in dem Krystall so angeordnet sein, dass sie einen merk-
lichen elektrischen Unterschied bewirken (1193). Auch kann
die Krystallisation unregelmässig, oder die Substanz nicht ganz
rein sein; und wenn man erwägt, welch geringe Menge einer
Substanz das Leitvermögen des Wassers schon bedeutend ab-
ändert, so wird es nicht unwahrscheinlich erscheinen, dass
ein wenig einer durch das Ganze oder einen Theil des Würfels
zerstreuten fremdartigen Substanz, Wirkungen hervorbringt, die
hinreichend sind, alle beobachteten Unregelmässigkeiten zu
erklären.

_____

1699. Eine wichtige Frage in Betreff der elektrischen
Polarität der Theilchen eines isolirenden Dielektricums ist:
ob es die Moleküle oder die Bestandtheile oder Ur-Theile seien
(*component or ultimate particles*), welche die Rolle von isolirten,
leitenden, sich polarisirenden Portionen spielen (1669).

1700. Ich bin zu dem Schluss gelangt, dass es die Moleküle der Substanz sind, welche sich als Ganze polarisiren (1347), und dass, wie verwickelt auch die Zusammensetzung eines Körpers sein mag, alle die Theilchen oder Atome, welche durch chemische Verwandtschaft zur Bildung Eines Moleküls dieses Körpers zusammengehalten werden, bei Hervorrufung von Vertheilungsphänomenen oder Polarisationen in diesem Körper als eine leitende Masse oder Portion wirken.

1701. Dieser Schluss gründet sich auf mehre Betrachtungen. So giebt es einige Körper, wie Schwefel, Phosphor, Chlor, Jod u. s. w., deren Theilchen isoliren, und sich deshalb in hohem Grade polarisiren, wogegen andere, wie Metalle, kaum eine Anzeige von diesem Vermögen liefern (1328), indem ihre Theilchen frei von einem zum andern leiten. Dennoch bilden sie, wenn sie Verbindungen eingehen, Substanzen, die anscheinend in dieser Hinsicht keine Beziehung zu ihren Elementen haben, denn Wasser, Schwefelsäure und dergleichen aus isolirenden Elementen gebildete Verbindungen leiten vergleichend leicht, während Bleioxyd, Flintglas, borsaures Bleioxyd und andere metallische Verbindungen, die sehr bedeutende Antheile von leitenden Substanzen enthalten, ausserordentlich gut isoliren. In Bleioxyd zum Beispiel nehme ich an, dass bei dem Acte der Vertheilung die Sauerstoff- und die Bleitheilchen sich nicht getrennt polarisiren, sondern die Moleküle des Bleioxyds diese Polarisation erleiden, indem alle Elemente eines Theilchens des Körpers durch die Bande der chemischen Verwandtschaft, welche nur ein anderer Ausdruck (*term*) für elektrische Kraft (918) ist, als Theile (*parts*) Eines leitenden Individuums zusammengehalten werden.

1702. Bei Körpern, welche Elektrolyte sind, haben wir noch ferneren Grund an einen solchen Zustand der Dinge zu glauben. Wenn z. B. Wasser, Chlorzinn, Jodblei u. s. w. im starren Zustand zwischen den Elektroden der *Volta*'schen Batterie befindlich sind, so polarisiren sich ihre Theilchen, wie es die irgend eines andern Dielektricums thun (1164); wenn aber diese Substanzen in den flüssigen Zustand versetzt sind, so halbiren sich die polarisirten Theilchen; die beiden Hälften, deren jede im Zustand hoher Ladung ist, wandern auswärts, bis sie andere Theilchen im entgegengesetzten und gleichfalls geladenen Zustand antreffen, mit denen sie sich unter Neutralisation ihrer chemischen, d. i. elektrischen, Kräfte verbinden, und wiederum zusammengesetzte Theilchen bilden, die sich

abermals als Ganze polarisiren und abermals zur Wiederholung
derselben Reihe von Wirkungen (1347) halbiren können.

1703. Wiewohl aber elektrolytische Theilchen sich als
Ganze polarisiren, so ist doch einleuchtend, dass es nicht ganz
gleichgültig ist, wie sich die Theilchen polarisiren (1689);
denn, wenn sie frei beweglich sind (380 etc.), werden die
Polaritäten zuletzt in Bezug auf die Elemente vertheilt (*distri-
buted*), und Kraftsummen, die den Polaritäten äquivalent und
in dem Betrag sehr bestimmt sind, trennen sich gleichsam
von einander, und wandern auswärts mit den elementaren
Theilchen. Und wiewohl ich nicht behaupte zu wissen, was ein
Atom sei, oder wie es mit elektrischer Kraft vergesellschaftet
oder begabt sei, oder wie diese Kraft in Fällen von Verbindung
und Zersetzung angeordnet sei, so hoffe ich doch, dass mein
starker Glaube an die elektrische Polarität der unter Vertheilung
stehenden Theilchen, und die damit verknüpfte Ansicht von den
Effecten der Vertheilung, sei es der gewöhnlichen oder der
elektrolytischen, mich für einige hypothetische Betrachtungen
entschuldigen werde.

1704. Bei der Elektrolysirung scheint es, dass die polarisirten Theilchen (wegen der allmählichen Aenderung, welche in
die chemischen, d. h. elektrischen Kräfte ihrer Elemente (918)
eingeführt [*induced*] worden ist) eher zerfallen (*divide*), als ohne
Zerfällung (*division.* 1348) sich aufeinander entladen; denn
wenn man ihre Zerfällung, d. h. ihre Zersetzung und Wieder-
zusammensetzung, dadurch verhindert, dass man ihnen den
starren Zustand giebt, so isoliren sie vielleicht eine hundert
Mal intensivere Elektricität, als zu ihrer Elektrolysirung nothwendig ist (419). Hienach scheint zur directen Leitung in
solchen Körpern eine weit höhere Spannung erforderlich zu
sein als zu ihrer Zersetzung (419. 1164. 1344).

1705. Die merkwürdige Hemmung der elektrolytischen
Leitung durch Gestarrung (380. 1358) stimmt ganz überein
mit diesen Ansichten über die Abhängigkeit dieses Processes
von der Polarität, welche allen unter Vertheilung stehenden
isolirenden Substanzen gemein ist, bei Elektrolyten aber von
so eigenthümlichen elektro-chemischen Resultaten begleitet wird.
So lässt sich erwarten, dass der erste Effect der Vertheilung
in einer solchen Polarisation und Anordnung der Wassertheilchen bestehe, dass der positive oder Wasserstoff-Pol eines
jeden von der positiven Elektrode ab- und der negativen
Elektrode zugewandt werde, der negative oder Sauerstoff-Pol

dagegen die umgekehrte Richtung erhalte, und dass, wenn der Sauerstoff oder Wasserstoff eines Wassertheilchens sich getrennt, und, zu andern Wasserstoff- und Sauerstofftheilchen übergehend, sich mit dießen verbunden haben, die so gebildeten neuen Wassertheilchen nicht die zu ihrer erfolgreichen elektrolytischen Polarisation erforderliche Stellung annehmen können, bevor sie sich nicht umgedreht haben. Die Gestarrung, indem sie die Wassertheilchen festhält, und sie hindert, jene so wesentliche vorläufige Stellung einzunehmen, verhindert auch ihre Elektrolyse, und da so die Uebertragung der Kräfte in dieser Weise verhindert ist (1347. 1703), wirkt die Substanz als ein gewöhnliches isolirendes Dielektricum (denn es ist aus früheren Versuchen (419. 1704) einleuchtend, dass die Isolations-Spannung höher ist als die elektrolytische Spannung). Die Vertheilung durch sie hin steigt zu einem höheren Grad, und der Polarzustand der Moleküle als Ganze, obgleich sehr erhöht, ist doch wohl gesichert.

1706. Wenn eine Zersetzung in einem flüssigen Elektrolyte stattfindet, setze ich nicht voraus, dass alle in dem nämlichen Querschnitt (1634) befindlichen Moleküle auf einmal zerfallen und ihre elektrisirten Theilchen oder Elemente fortlassen (*transfer*). Wahrscheinlich häuft sich für diesen Querschnitt die Entladungskraft auf ein oder ein paar Theilchen, welche, sich zersetzend, wandernd und wieder verbindend, das Gleichgewicht der Kräfte wiederherstellen, fast wie bei einer zerreissenden Funkenentladung (1406); denn so wie diejenigen Moleküle, welche aus Theilchen entspringen, die eben übertragene Kraft besitzen (*which have just transferred power*)*), durch ihre Lage (1705) in weniger günstigen Umständen sind als andere, so muss es auch einige geben, die am günstigsten gelagert sind, und diese, zuerst nachgebend, schwächen zur Zeit die Spannung, und bewirken Entladung.

1707. In früheren Untersuchungen über die Wirkung der Elektricität (821. etc.) wurde an mehren genügenden Fällen gezeigt, dass die Menge der vorwärts geführten elektrischen Kraft in einem festen Verhältnisse stehe zu einer gegebenen Menge von Substanz, die sich als Anion oder Kation in der

---

*) Soll wohl heissen: die eben gebildeten Moleküle, — die (nach 1705) noch verkehrt liegen. (*P.*)

elektrolytischen Wirkungslinie vorwärts bewegt; und es war
starker Grund zu glauben, dass jedes Stofftheilchen *(then dealt
with)* verknüpft ist mit einem festen Betrage von elektrischer
Kraft, welcher die Stärke seiner chemischen Verwandtschaft
ausmacht, indem die chemischen Aequivalente und die elektro-
chemischen Aequivalente eins und dasselbe sind (836). Es fand
sich auch mit wenigen, und, wie ich jetzt wohl sagen kann,
keinen Ausnahmen (1341), dass nur diejenigen Verbindungen,
welche Elemente im Verhältnisse wie eins zu eins *(in single
proportions)* enthalten, die Charaktere und Phänomene der
Elektrolyte (697) zeigen; und Oxyde, Chloride und andere
Körper, welche mehr als eine Proportion des elektro-negativen
Elements (auf eine Portion des elektro-positiven [*P*]) enthalten, der Zersetzung unter dem Einfluss des elektrischen
Stroms widerstehen.[5]

1708. Wahrscheinliche Gründe für diese Bedingungen und
Beschränkungen entspringen aus der Molekulartheorie der Vertheilung.　Wenn z. B. ein flüssiges Dielektricum, wie Zinn-
chlorür, aus Molekülen besteht, deren jedes aus Einem Partikel
von jedem Element zusammengesetzt ist, so kann, da diese
durch ihre Trennung äquivalente entgegengesetzte Kräfte in
entgegengesetzten Richtungen fortzuführen vermögen, sowohl
Zersetzung als Uebertragung erfolgen.　Wenn aber die Moleküle, wie im Zinnchlorid, aus einem Theilchen oder Atom des
einen Elements und aus zwei des anderen bestehen, dann ist
die Einfachheit, mit welcher die Theilchen vorausgesetzter-
maassen angeordnet sind und wirken, zerstört.　Und wiewohl
sich denken lässt, dass, wenn die Moleküle des Zinnchlorids
vermöge der Vertheilung durch sie hin als Ganze polarisirt
sind, die positive Polarkraft auf das eine Theilchen Zinn, und
die negative Kraft auf die beiden Theilchen Chlor angehäuft
werde, und dass diese respective rechts und links fortwandern,
um sich mit andern zwei Atomen Chlor und einem von Zinn
zu verbinden, analog mit dem Vorgange bei Verbindungen aus
einzelnen Theilchen, so ist dies doch nicht ganz so einleuchtend
und wahrscheinlich.　Denn wenn ein Zinntheilchen sich mit
zwei Chlortheilchen verbindet, so ist es schwierig zu denken,
dass nicht in dem entstandenen Moleküle etwas einer festen
Lage Analoges in der Relation der drei Theilchen vorhanden
sein sollte, das Eine Metalltheilchen vielleicht symmetrisch
gegen die beiden Chlortheilchen liegen sollte; und es ist
nicht schwierig einzusehen, dass solche Theilchen nicht die

zugleich von ihrer Polarität und der Verwandtschaft ihrer Elemente abhängende Lage annehmen können, welche der erste Schritt in dem Process der Elektrolysirung zu sein scheint[6]) (1345. 1705).

XXI. Beziehung zwischen elektrischen und magnetischen Kräften.[7])

1709. Ich habe bereits einige Speculationen gemacht in Betreff der Beziehung des Magnetismus, der Querkraft des Stroms, zu der divergirenden oder transversalen Kraft der der statischen Elektricität angehörenden Linien der Vertheilungswirkung (1658. etc.).

1710. Bei fernerem Nachdenken über diesen Gegenstand erschien es mir von der äussersten Wichtigkeit, wo möglich zu ermitteln, ob die Seitenwirkung, welche wir Magnetismus oder zuweilen Vertheilung elektrischer Ströme nennen (26. 1048 etc.) durch Vermittlung intermediärer Theilchen in die Ferne wirke, analog wie bei der Vertheilung der statischen Elektricität, oder den mannigfaltigen von dieser Vertheilung abhängigen Erscheinungen, wie Leitung, Entladung u. s. w.; oder ob ihre Wirkung in die Ferne ganz unabhängig sei von solchen intermediären Theilchen (1662).

1711. Ich befestigte zwei Drahtgewinde mit Eisenkernen darin, End gegen End gerichtet, doch mit einem Zwischenraum von sieben Viertelzoll, in den das Ende oder der Pol eines Magnetstabs gebracht wurde. Bei Bewegung dieses Magnetpols von dem einen Kern zum andern musste offenbar in beiden Drahtgewinden ein Strom entstehen, in dem einen wegen Schwächung, und in dem andern wegen Verstärkung des in den respectiven Kernen von weichem Eisen erregten (*induced*) Magnetismus. Die Drahtgewinde waren mit einander und mit einem Galvanometer verbunden, so, dass diese beiden Ströme gleiche Richtungen hatten und durch vereinte Kraft die Nadel des Instruments ablenken mussten. Diese ganze Vorrichtung war so wirksam und empfindlich, dass es hinreichte, den Magnetpol zwei bis drei Mal in den zum Schwingen der Galvanometernadel erforderlichen Zeiten um einen Achtelzoll hin und her zu führen, um diese Nadel in beträchtliche Schwingungen zu versetzen, und damit die Folgen der verstärkten Einwirkung des Magnets auf den einen Kern und Schrauben-

draht, und des verminderten auf den andern leicht nachzuweisen.

1712. Nun wurden, ohne die Abstände des Magnets von
den Eisenkernen *A* und *B* zu ändern, Platten verschiedener
Natur dazwischen gebracht. So z. B. war zwischen dem Magnetpol und dem Kern *A* eine Schellacktafel eingeschoben, während
die Nadel einen Hingang machte, blieb dann herausgezogen,
während diese zurückkehrte, wurde nun eine gleiche Zeit
wieder dazwischen gehalten, abermals auf eben so lange
entfernt, und so fort auf acht bis neun Mal; allein es war
nicht die geringste Einwirkung auf die Nadel bemerkbar.
In anderen Fällen wurde die Platte abwechselnd während
einer Periode zwischen dem Magnetpol und *A*, und während
der folgenden zwischen diesem Pol und *B* gehalten, und so
fort; allein ebenfalls ohne Wirkung auf die Nadel.

1713. Zu diesen Versuchen wurden angewandt Schellack
in Tafeln von 0,9 Zoll Dicke, Schwefel in einer Tafel von
0,9 Zoll Dicke, und Kupfer in einer Platte von 0,7 Zoll Dicke,
alles ohne irgend einen Erfolg. Daraus schliesse ich, dass
Körper, die durch die Extreme von Leitungs- und Isolations-
vermögen in Contrast stehen und einander so stark entgegengesetzt sind, wie Metalle, Luft und Schwefel, keine Verschiedenheit in Bezug auf die magnetischen Kräfte zeigen, wenn sie,
wenigstens unter den beschriebenen Umständen, in deren Vertheilungslinien gebracht werden.

1714. Mit einer Eisenplatte und selbst einem kleinen
Eisenstück, wie der Kopf eines Nagels, war der Effect ein
ganz anderer. Dann zeigte das Galvanometer sogleich seine
Empfindlichkeit, und die ganze Vorrichtung ihre Vollkommenheit.

1715. Ich richtete die Sache so ein, dass eine Kupferplatte von 0,2 Zoll Dicke und 10 Zoll Durchmesser mit ihrem
Rande zwischen dem Magnet und dem Eisenkern war, liess
sie dann für Perioden, wie sie zum Schwingen der Nadel
erforderlich waren, abwechselnd rotiren und stillstehen; allein
dies hatte nicht die geringste Wirkung auf das Galvanometer.

1716. In gleicher Weise wurde eine 0,6 Zoll dicke Schellack-
platte angewandt, doch ebenfalls ohne Erfolg, sie mochte rotiren
oder nicht.

1717. Zuweilen liess ich die Rotationsebene die magnetische
Curve rechtwinklig schneiden, zuweilen so schief wie möglich;
bei einigen Versuchen änderte ich auch die Rotationsrichtung,
doch alles ohne Erfolg.

1718. Ich entfernte nun die Schraubendrähte mit ihren Eisenkernen und ersetzte sie durch zwei auf Pappe gewundene flache Spiralen, jede von 42 Fuss beseidetem Kupferdraht, ohne Einschluss von Eisen. Sonst war die Vorrichtung wie früher und auch äusserst empfindlich, denn eine sehr geringe Bewegung des Magnets zwischen den Spiralen bewirkte eine starke Schwingung der Magnetnadel.

1719. Die Einschiebung von Schellack-, Schwefel- oder Kupferplatten zwischen den Magnet und diese Spiralen (1713) bewirkte nicht das Mindeste, die Platten mochten ruhen oder rasch rotiren (1715). So war denn hier kein Zeichen vom Einfluss intermediärer Theilchen zu erlangen (1710).

1720. Nun wurde der Magnet entfernt und durch eine flache Spirale ersetzt, die den beiden ersten entsprach und mit ihnen parallel war. Die mittlere Spirale war so eingerichtet, dass ein *Volta*'scher Strom nach Belieben durch sie gesandt werden konnte. Das frühere Galvanometer wurde entfernt und durch eins mit doppeltem Drahtgewinde ersetzt, eine der Seitenspiralen mit dem einen Gewinde, und die andere mit dem zweiten verknüpft, in solcher Weise, dass, wenn durch die mittlere Spirale ein *Volta*'scher Strom geleitet ward, er durch seine vertheilende Wirkung (26) in den Seitenspiralen Ströme erregen musste, die in den Gewinden des Galvanometers entgegengesetzte Richtung hatten. Durch Ajustirung der Abstände konnten die inducirten Ströme einander gleich gemacht werden, so dass sie, ungeachtet ihrer häufigen Erregung, die Galvanometernadel in Ruhe lassen mussten. Die mittlere Spirale will ich *C* nennen, die beiden äusseren *A* und *B*.

1721. Zwischen die Spiralen *C* und *B*, deren Abstand ungeändert blieb, wurde eine Kupferplatte von 0,7 Zoll Dicke und 6 Zoll im Geviert eingeschoben, dann durch *C* der Strom einer Batterie von 24 Paaren vierzölliger Platten geleitet, und in Perioden unterbrochen, die eine Wirkung auf das Galvanometer hervorbringen mussten (1712), wenn in der Wirkung von *C* auf *A* oder *B* irgend ein Unterschied war. Ungeachtet sich Luft in dem einen Zwischenraume, und Kupfer in dem andern befand, war doch die Wirkung auf beide Spiralen genau gleich, wie wenn Luft beide Zwischenräume eingenommen hätte. Trotz der Leichtigkeit, mit welcher sich inducirte Ströme in der dicken Kupferplatte zu bilden vermögen, hatte also doch die mittlere Spirale *C* genau so auf die äussere gewirkt, wie wenn kein Leiter, wie Kupfer, vorhanden gewesen wäre.

1722. Jetzt ward die Kupferplatte durch eine Schwefelplatte von 0,9 Zoll Dicke ersetzt; allein das Resultat war dasselbe, keine Wirkung auf das Galvanometer.

1723. Es scheint demnach, dass, wenn ein *Volta*'scher Strom, in einem Draht, seine vertheilende Wirkung ausübt, um, je nachdem er anfängt oder aufhört, in einem benachbarten Draht einen entgegengesetzt oder gleich gerichteten Strom hervorzurufen, es nicht den geringsten Unterschied macht, ob der Zwischenraum von isolirenden Körpern, wie Luft, Schwefel oder Schellack, oder von leitenden Körpern, wie Kupfer und andere nicht magnetische Metalle, eingenommen ist.

1724. Einen entsprechenden Effect erhielt ich mit denselben Kräften, wenn sie in einem Magnet residiren. Eine einzelne flache Spirale (1718) wurde verbunden mit einem Galvanometer, und ein Magnetpol ihr nahe gestellt. Wenn dann die Magnetnadel zu und von der Spirale, oder diese zu und von dem Magnet bewegt wurde, entstanden Ströme, die durch das Galvanometer angezeigt wurden.

1725. Die dicke Kupferplatte (1721) wurde nun zwischen den Magnetpol und die Spirale eingeschoben; dessenungeachtet ergaben sich, als ersterer hin und her bewegt wurde, genau dieselben Effecte in Richtung und Betrag, wie wenn das Kupfer nicht vorhanden gewesen wäre. Auch bei Einschiebung einer Schwefelplatte konnte nicht der geringste Einfluss auf die durch Bewegung des Magnets oder der Spirale erregten Ströme bemerkt werden.

1726. Diese Resultate, nebst vielen andern, die ich zu beschreiben nicht für nützlich halte, würden zu dem Schluss führen, dass (zu urtheilen nach dem Betrag der Wirkung, die durch die Querkräfte, d. h. magnetischen Kräfte des Stroms, in die Ferne ausgeübt wurden) die zwischenliegende Substanz und folglich die zwischenliegenden Theilchen nichts mit den Erscheinungen zu thun haben; oder in andern Worten, dass, obwohl die Vertheilungskraft der statischen Elektricität, vermöge der Wirkung intermediärer Theilchen (1164. 1166), in die Ferne geführt wird, doch die transversale Vertheilungskraft der Ströme, welche auch in die Ferne wirken kann, nicht auf solche Weise durch intermediäre Theilchen fortgepflanzt (transmitted) wird.

1727. Es ist jedoch sehr einleuchtend, dass dieser Schluss nicht als bewiesen angesehen werden kann. So wissen wir, dass, wenn Kupfer sich zwischen dem Magnetpole und der Spirale (1715. 1719. 1725), oder zwischen den zwei Spiralen (1721) befindet, seine Theilchen afficirt werden, und dass sich durch geeignete Vorrichtungen deren eigenthümlicher Zustand durch Hervorbringung elektrischer oder magnetischer Effecte sehr sichtbar machen lässt. Es scheint unmöglich, diese Wirkung auf die Theilchen der zwischenliegenden Substanz für unabhängig zu halten von der, welche die vertheilende Spirale *C* oder der vertheilende Magnet auf die vertheilte Spirale *A* oder den vertheilten Eisenkern ausübt (1715. 1721); denn da der vertheilte Körper gleich stark von dem vertheilenden Körper ergriffen wird, diese zwischenliegenden und ergriffenen Theilchen mögen da sein oder nicht (1723. 1725), so würde eine solche Voraussetzung mit sich bringen, dass die so ergriffenen Theilchen keine Rückwirkung auf die ursprünglich vertheilenden Kräfte hätten. Vernünftiger scheint es mir daher anzunehmen, dass diese ergriffenen Theilchen die Wirkung von dem vertheilenden Körper zu dem vertheilten unterhalten (*efficient in continuing the action onwards from the inductric to the inducteous body*), und gerade durch diese Mittheilung bewirken, dass an dem letzteren keine Vertheilungskraft verloren geht.

1728. Allein dann möchte ich fragen: wie verhalten sich die Theilchen isolirender Körper, wie Luft, Schwefel, Schellack, wenn sie in die Linie der magnetischen Wirkung kommen? Die Antwort hierauf ist für jetzt nur reine Muthmaassung. Ich habe lange gedacht, dass es bei solchen Körpern einen eigenthümlichen Zustand geben müsse, der dem, welcher Ströme in Metallen und anderen Leitern erregt (26. 53. 191. 201. 213), entspreche, und da jene Körper Isolatoren sind, dass es ein Spannungszustand sein müsse. Ich habe mich bemüht einen solchen Zustand sichtbar zu machen, indem ich nichtleitende Körper neben Magnetpolen, oder diese neben jenen, rotiren, oder kraftvolle elektrische Ströme neben oder ringsum Isolatoren in verschiedener Richtung plötzlich entstehen oder aufhören liess, indess ohne Erfolg. Da jedoch ein solcher Zustand, wegen geringer Intensität der zu seiner Hervorrufung gebrauchten Ströme, von ausserordentlich geringer Intensität sein musste, so möchte er dennoch wohl vorhanden sein, und noch von einem geschickteren Experimentator entdeckt werden, wiewohl ich ihn nicht wahrnehmbar machen konnte.

1729. Ich halte es daher für möglich und selbst für wahrscheinlich, dass die magnetische Wirkung durch Vermittlung
dazwischenliegender Theilchen in die Ferne fortgepflanzt werde,
in einer analogen Weise, wie es mit den Vertheilungskräften
der statischen Elektricität geschieht (1677); und dass, während-
dess die dazwischenliegenden Theilchen mehr oder weniger
einen besonderen Zustand annehmen, welchen ich (obwohl mit
einer sehr unvollkommenen Idee) mehrmals durch den Ausdruck:
elektro-tonischen Zustand bezeichnet habe (60. 242.
1114. 1661). Hoffentlich wird man dies nicht so verstehen,
als hegte ich die feste (*settled*) Meinung, dass dem so sei. In
der That habe ich vielmehr das Gegentheil bewiesen, nämlich:
dass die magnetischen Kräfte ganz unabhängig sind von der
zwischen dem vertheilenden und dem vertheilten Körper befindlichen Substanz, allein ich kann die Schwierigkeit nicht
übergehen, die Körper, wie Kupfer, Silber, Blei, Kohle und
selbst wässerige Lösungen (201. 213) darbieten, welche, obwohl man weiss, dass sie, zwischen den aufeinander wirkenden
Körpern befindlich, einen besonderen Zustand annehmen (1727),
dennoch das Endresultat nicht mehr stören als diejenigen, bei
denen man einen solchen eigenthümlichen Zustand bis jetzt
nicht entdeckt hat.

1730. Noch muss ich eine für diese ganze Untersuchung
wichtige Bemerkung machen. Obwohl ich glaube, dass das
von mir angewandte und beschriebene Galvanometer (1711.
1720) völlig hinreicht zu zeigen, dass der Endbetrag der
Wirkung auf jedes der beiden Drahtgewinde oder jeden der
beiden Eisenkerne *A* und *B* (1713. 1719) der gleiche ist, so
mag doch ein Unterschied in der Wirkung vorhanden sein,
den dasselbe nicht anzeigt. Da Zeit als ein Element in diese
Wirkungen eingeht (125)*), so ist es sehr möglich, dass die
vertheilenden Wirkungen auf die Gewinde oder Kerne *A* und *B*,
obwohl sie gleichen Betrag erlangen, es mögen Luft und Kupfer,
oder Luft und Schellack als Zwischenmittel einander entgegen-
gestellt sein, doch nicht in gleicher Zeit zu Stande kommen,
und dieser Unterschied nur nicht sichtbar wird, weil beide
Effecte in einer gegen die Schwingungsdauer der Nadel zu
kurzen Zeit auf ihr Maximum steigen.

---

*) Ann. de chim. 1833 T. LI, p. 422, 428.

1731. Könnte erwiesen werden, dass die Seiten- oder Querkraft der elektrischen Ströme, oder, was mir dasselbe zu sein scheint, die Magnetkraft derselben, unabhängig von dazwischenliegenden angrenzenden Theilchen ist, dann scheint mir zwischen der Natur dieser beiden Kräfte (1654. 1664. — der elektrischen und der magnetischen [*P.*]) ein höchst wichtiger Unterschied festgestellt zu sein. Ich meine nicht, dass die Kräfte von einander unabhängig sind und gesondert wirksam gemacht werden könnten, vielmehr sind sie vermuthlich wesentlich verknüpft (1654); allein keineswegs folgt, dass sie von gleicher Natur sind. Bei der statischen Vertheilung, bei der Leitung und Elektrolysirung sind die an den entgegengesetzten Enden der Theilchen befindlichen Kräfte, welche mit den Vertheilungslinien zusammenfallen und gewöhnlich elektrische genannt werden, polar und wirken in allen Fällen von anliegenden Theilchen nur in unmerkliche Entfernungen; diejenigen dagegen, welche auf der Richtung dieser Linien transversal sind und magnetische genannt werden, sind circumferential und wirken in die Ferne, wenn auch durch Vermittlung dazwischenliegender Theilchen, doch zur gewöhnlichen Materie mit Relationen, ganz unähnlich denen der mit ihnen verknüpften elektrischen Kräfte.

1732. Ueber die Einerleiheit oder Verschiedenheit beider Arten von Kräften zu entscheiden und deren wahre Beziehung zu einander festzusetzen, würde ungemein wichtig sein. Die Aufgabe scheint ganz im Bereich des Experiments zu liegen, und würde dem, der sich an sie macht, eine reiche Belohnung versprechen.

1733. Ich habe schon die Hoffnung ausgesprochen, einen Effect oder Zustand aufzufinden, der das für die statische Elektricität wäre, was die magnetische Kraft für die strömende ist (1658). Hätte ich zu meiner eignen Ueberzeugung beweisen können, dass die magnetischen Kräfte durch Vermittlung dazwischenliegender Theilchen in die Ferne wirken, in analoger Weise wie die elektrischen Kräfte, so würde ich geglaubt haben, dass die Seitenspannung der Linien der Vertheilungskraft (1659) oder der so oft angedeutete elektro-tonische Zustand (1661. 1662) der erwähnte Zustand der statischen Elektricität sei.

1734. Man kann sagen, dass der Zustand keiner Seitenwirkung für die statische oder inductive Kraft das Aequivalent des Magnetismus für die strömende Kraft sei, kann es aber nur nach der Ansicht, dass magnetische und elektrische Wirkung in ihrer Natur wesentlich verschieden seien (1664). Sind sie dieselbe Kraft, so würde der ganze Unterschied eine Folge des Unterschiedes der Richtung sein, und dann der normale oder unentwickelte Zustand der elektrischen Kraft dem Zustand keiner Seitenwirkung des magnetischen Zustands der Kraft (*state of no lateral action of the magnetic state*) entsprechen; der elektrische Strom würde den gewöhnlich. Magnetismus genannten Seitenwirkungen entsprechen; allein der Zustand der statischen Vertheilung, welcher zwischen dem Normalzustand und dem Strom liegt, wird noch einen entsprechenden, eigenthümliche Erscheinungen darbietenden Seitenzustand in der magnetischen Reihe erfordern; denn es lässt sich schwerlich voraussetzen, dass beide, der normal elektrische und der inductive oder polarisirt elektrische Zustand, die nämliche Seitenbeziehung haben können. Ist Magnetismus eine gesonderte und höhere Relation der entwickelten Kräfte, dann würde das Argument, das zu diesem dritten Zustand der Kraft nöthigt, vielleicht nicht so stark sein.

1735. Ich kann diese allgemeinen Bemerkungen über die Beziehung zwischen elektrischen und magnetischen Kräften nicht schliessen, ohne noch mein Erstaunen über die mit der Kupferplatte erhaltenen Resultate (1721. 1725) auszudrücken. Die Versuche mit den flachen Spiralen stellen einen der einfachsten Fälle von Vertheilung elektrischer Ströme dar (1720), indem bekanntlich im Augenblick, da in einem Draht ein elektrischer Strom hervorgerufen oder vernichtet wird, in einem benachbarten Draht ein kurzer Strom von entgegengesetzter oder gleicher Richtung entsteht (26). Demnach erscheint es sehr ungewöhnlich, dass der Strom, welcher in der Spirale A inducirt wird, wenn nur Luft zwischen A und C befindlich ist (1720), eben so stark sei wie im Fall, wo die Luft durch eine grosse Masse von dem so vortrefflich leitenden Kupfer ersetzt ist (1721). Man hätte glauben sollen, diese Masse würde die Bildung und Entladung von fast jedweder Menge von Strömen, welche die Spirale C zu induciren vermochte, gestattet, und dadurch den Effect auf A in gewissem Grade vermindert, wenn nicht ganz verhindert haben, statt dass nicht die geringste Verminderung oder Aenderung in dem Effect auf A sichtbar war, ungeachtet nicht zu bezweifeln stand, dass nicht im Moment eine Unendlichkeit von Strömen in der Kupferplatte gebildet wurden. Fast der einzige Weg diesen

Effect mit allgemein bekannten Thatsachen zu vereinbaren, scheint mir der zu sein, dass man annehme, die magnetische Wirkung werde durch Vermittlung dazwischenliegender Theilchen mitgetheilt (*communicated*) (1729. 1733).

1736. Dieser sehr merkwürdige Zustand der Dinge stimmt vollkommen mit dem bei Drahtgewinden Beobachteten überein, wo fünf bis sechs Lagen von Drahtwindungen übereinander liegen, ohne dass die Wirkung auf die äusseren Lagen durch die auf die inneren geschwächt wird.

XXII. Notiz über Elektricitäts-Erregung.

1737. Dass die verschiedenen Arten der Elektricitäts-Erregung dereinst unter ein gemeinschaftliches Gesetz werden gebracht werden, ist wohl kaum zu bezweifeln, obwohl wir für jetzt genöthigt sind Unterscheidungen zu machen. Es wird schon viel gewonnen sein, wenn diese Unterscheidungen, wenn auch nicht gehoben, doch verstanden werden.

1738. Die auffallende Beziehung zwischen elektrischen und chemischen Kräften macht die chemische Erregungsweise zu der lehrreichsten von allen, und der Fall von zwei isolirten, sich verbindenden Theilchen ist wahrscheinlich der einfachste, den wir besitzen. Hier ist jedoch die Wirkung örtlich, und es mangelt uns noch ein Prüfmittel auf Elektricität, was auf ihr anwendbar wäre, auf Fälle von strömender Elektricität und auf die von statischer Induction. Wenn wir, vermöge des vorherigen Verbindungszustands (*previousky combined condition*) einiger der wirkenden Theilchen (923) im Stande sind, wie in der *Volta*'schen Säule, die örtliche Wirkung in einen Strom auszubreiten oder zu verwandeln, dann kann die chemische Wirkung durch ihre Variationen hin verfolgt werden, bis zur Erzeugung aller Erscheinungen der Spannung und des statischen Zustands, welche in jeder Hinsicht dieselben sind, wie wenn die elektrischen Kräfte, welche sie erzeugten, durch Reibung entwickelt worden wären.

1739. *Berzelius* war, glaube ich, der erste, der von der Fähigkeit gewisser Theilchen, in Gegenwart anderer entgegengesetzte Zustände anzunehmen, gesprochen hat (959). Hypothetisch lässt sich annehmen, dass diese Zustände an Intensität zunehmen durch vergrösserte Nähe, durch Wärme u. s. w., bis bei einem gewissen Punkt eine Verbindung erfolgt, begleitet von solcher Anordnung der Kräfte der beiden Theilchen

zwischen denselben, als einer Entladung äquivalent ist, wobei
zugleich ein Theilchen gebildet wird, welches als Ganzes ein
Leiter ist (1700).

1740. Diese Fähigkeit, einen erregten elektrischen Zustand
(der wahrscheinlich in denen, die nicht leitende Substanz
bilden, polar ist), anzunehmen, scheint eine primäre Thatsache
zu sein, und zur Natur der Vertheilung zu gehören (1162),
denn die Theilchen scheinen nicht im Stande zu sein, diesen
besonderen Zustand unabhängig von einander (1177), oder von
Materie, im entgegengesetzten Zustand zu bewahren. Was bei
den Theilchen der Materie bestimmt (*definite*) zu sein scheint,
ist: dass sie in Bezug auf einander einen b e s o n d e r e n Zustand, den positiven oder negativen, aber nicht unterschiedslos
den einen oder andern, annehmen, und auch Kraft bis zu einem
gewissen Betrage erlangen.

1741. Es ist leicht begreiflich, dass dieselbe Kraft, welche
örtliche Wirkung zwischen zwei freien Theilchen verursacht,
auch einen Strom erzeugen werde, sobald eins der Theilchen
zuvor in Verbindung war, Bestandtheil eines Elektrolyten aus-
machte (923. 1738). Ein Zink- und ein Sauerstofftheilchen z. B.,
die neben einander liegen, üben ihre Vertheilungskräfte auf
einander aus (1740) und diese steigern sich zuletzt bis zum
Verbindungspunkt. Wenn der Sauerstoff zuvor mit Wasserstoff verbunden ist, wird er in dieser Verbindung durch eine
ähnliche Aeusserung und Anordnung von Kräften gehalten,
und da die Kräfte des Sauerstoffs und Wasserstoffs während
der Verbindung gegenseitig beschäftigt und verknüpft (*related*)
sind, so kann, wenn die höhere Verwandtschaft zwischen den
Kräften des Sauerstoffs und des Zinks ins Spiel tritt, die vertheilende Wirkung des ersteren oder des Sauerstoffs auf
das Metall nicht auftreten und wachsen, ohne dass seine
vertheilende Wirkung auf den mit ihm verbundenen Wasserstoff abnimmt (denn der Kraftbetrag eines Theilchens ist als
bestimmt angesehen), und der letztere muss daher seine Kraft
auf den Sauerstoff des nächsten Wassertheilchens richten.
So lässt sich der Effect ansehen als in merkliche Entfernungen ausgedehnt und in den Zustand statischer Vertheilung versetzt, welcher, indem er entladen und dann durch
die Wirkung anderer Theile gehoben wird, Ströme erzeugt.

1742. Bei der gewöhnlichen *Volta*'schen Batterie wird
der Strom veranlasst durch das Bestreben des Zinks, den
Sauerstoff des Wassers vom Wasserstoff aufzunehmen, und der

wirksame Vorgang (*effective action*) findet statt, wo der Sauerstoff den vorhandenen Elektrolyten verlässt. Allein *Schönbein*
hat eine Batterie aufgebaut, in welcher der wirksame Vorgang
an dem andern Ende des wesentlichen Theils der Vorrichtung
stattfindet, nämlich, wo Sauerstoff zu dem Elektrolyten geht.
Der erste Fall kann betrachtet werden als einer, wo der
Strom durch die Absonderung des Sauerstoffs vom Wasserstoff
in Bewegung gesetzt wird; der zweite dagegen, wo es durch
Absonderung des Wasserstoffs vom Sauerstoff geschieht. Die
Richtung des elektrischen Stroms ist in beiden Fällen dieselbe,
wenn sie auf die Richtung, in der sich die elementaren Theilchen des Elektrolyten bewegen (923. 962), bezogen wird,
und beide stimmen gleich überein mit der eben beschriebenen
hypothetischen Ansicht von der vertheilenden Wirkung der
Theilchen (1740).

1743. Bei solcher Ansicht von der Erregung des Voltais-
mus kann die Wirkung der Theilchen in zwei Theile zerfällt
werden, in die, welche stattfindet, während die Kraft in einem
Sauerstofftheilchen sich steigert gegen ein auf ihn wirkendes
Zinktheilchen, und abnimmt gegen ein mit ihm verbundenes
Wasserstofftheilchen (dies ist die progressive Periode der
inductiven Action), und in die, welche stattfindet, wenn der
Wechsel der Vereinigung stattfindet, das Sauerstofftheilchen
den Wasserstoff verlässt und sich mit dem Zink verbindet.
Der erste Theil scheint den Strom zu erzeugen, oder, wenn
kein Strom da ist, den Spannungszustand an den Enden
der Batterie hervorrufen; während der letztere, indem er
zur Zeit den Einfluss der wirksam gewesenen Theilchen be-
endet, andern erlaubt ins Spiel zu treten, und so den Strom
unterhält.[8])

1744. Höchst wahrscheinlich ist die Erregung durch
Reibung sehr oft von gleichem Charakter. *Wollaston* bemühte sich, diese Erregung auf chemische Wirkung zurückzuführen[*]); wenn aber unter chemischer Action die endliche
Vereinigung der wirkenden Theilchen verstanden wird, so
giebt es Fälle in Menge, die dieser Ansicht widersprechen.
Davy erwähnt einige solcher, und ich meinerseits finde keine
Schwierigkeit darin, andere Arten von Electricitäts-Erregung
als die chemische Action anzunehmen, besonders wenn unter
dieser die endliche Verbindung der Theilchen gemeint ist.

---

[*] Philos. Transact. 1801, p. 427.

1745. *Davy* wies experimentell die entgegengesetzten
Zustände nach, welche zwei Theilchen von entgegengesetztem
chemischen Charakter annehmen können, wenn man sie dicht
aneinander bringt, ohne eine Verbindung derselben zu ge-
statten*). Dies, glaube ich, ist der erste Theil der schon
beschriebenen Wirkung (1743); allein, meiner Meinung nach,
kann dadurch kein anhaltender Strom entstehen, so lange
keine Verbindung stattfindet, und es damit anderen Theilchen
erlaubt ist, folgweise in derselben Art zu wirken, und selbst
dann nicht, wenn die eine Reihe der Theilchen als Element
eines Elektrolyten vorhanden ist (923. 963); d. h. blosser
ruhiger Contact, ohne chemische Action, erzeugt in solchen
Fällen keinen Strom.

1746. Dennoch scheint es möglich, dass eine solche
Relation eine hohe Ladung bewirken und damit zur Elektricitäts-Erregung durch Reibung Anlass geben könne. Wenn
zwei Körper aneinander gerieben werden, um auf gewöhnliche
Weise Elektricität zu erzeugen, so muss der eine wenigstens
ein Isolator sein. Während des Reibens müssen die Theilchen entgegengesetzter Art mehr oder weniger dicht zusammengebracht werden, und die wenigen, welche unter den günstigsten
Umständen sind, in solchem innigen Contact sein, dass sie nur
wenig von demjenigen entfernt sind, der die Folge chemischer
Verbindung ist. In solchen Momenten mögen sie durch ihre
gegenseitige Vertheilung (1740) und theilweise Entladung
auf einander sehr erhöhte entgegengesetzte Zustände erlangen, und, wenn sie, im Fortgang des Reibens, einen
Augenblick hernach, aus ihrer gegenseitigen Nachbarschaft
gerissen werden, werden sie, wenn sie beide Isolatoren sind,
diesen Zustand behalten, und ihn nach ihrer vollständigen
Trennung zeigen.

1747. Alle Umstände bei der Reibung scheinen mir für
eine solche Ansicht zu sprechen. Die Unregelmässigkeiten
der Gestalt und des Drucks werden veranlassen, dass die
Theilchen der beiden reibenden Flächen sehr verschiedene
Abstände von einander haben, und nur einige wenige werden
auf einmal in jener innigen Relation sein, die wahrscheinlich
zur Entwicklung der Kräfte nöthig ist; ferner werden diejenigen, welche zu einer Zeit am nächsten sind, zu einer

---

*) Philos. Transact. 1807, p. 34.

andern am fernsten seyn, andere werden die nächsten werden, und so werden bei fortdauernder Reibung viele nach einander erregt werden. Endlich scheint mir die seitliche Richtung der Trennung beim Reiben am geeignetsten, um viele Paare von Theilchen, erstens sämmtlich in die innige Nähe zu bringen, welche zur Annahme entgegengesetzter Zustände durch wechselseitige Einwirkung nothwendig ist, und darauf aus ihrem gegenseitigen Einfluss zu entfernen, während sie jenen Zustand behalten.

1748. Es würde leicht sein, nach derselben Ansicht zu erklären, wie, wenn einer der reibenden Körper ein Leiter ist, z. B. das Amalgam einer Elektrisirmaschine, der Zustand des andern (als Masse) beim Austritt aus der Reibung erhöht wird; allein es würde thöricht sein, in solche Speculation weit einzugehen, bevor das schon Ausgesprochene durch passende experimentelle Beweise unterstützt oder berichtigt worden ist. Ich wünsche nicht, dass man meine, ich halte alle Elektricitäts-Erregung durch Reibung für dieser Art; im Gegentheil lassen gewisse Versuche mich glauben, dass in vielen Fällen, und vielleicht in allen, Effecte thermo-elektrischer Natur zu dem Endresultat (*ultimate end*) führen; und sehr wahrscheinlich sind zu gleicher Zeit noch andere, bis jetzt nicht unterschiedene Ursachen der Elektricitäts-Störung wirksam.

Royal Institution, Juni 1838.

Fünfzehnte Reihe.[9]

(Philosoph. Transact. f. 1839. — Pogg. Ann. Ergänz.-Band I.)

XXIII. Ueber den Charakter und die Richtung der elektrischen Kraft des Gymnotus.

1749. So wundervoll die Gesetze und Erscheinungen der Elektricität sind, wenn sie sich in unorganischer oder todter Materie offenbaren, so kann doch das Interesse an denselben kaum einen Vergleich ertragen mit dem, welches sie erregen, wenn sie mit dem Nervensystem und dem Leben verknüpft sind. Und wenn auch die Dunkelheit, die für jetzt den Gegenstand umgiebt, die Wichtigkeit desselben zur Zeit verdecken mag, so muss doch jeder Fortschritt in unserer Kenntniss von dieser mächtigen Kraft in ihrem Bezug auf träge Masse (*inert things*) dazu beitragen, jene Dunkelheit zu zerstreuen, und das ungemeine Interesse dieses erhabenen Zweiges der Physik einleuchtender zu machen. In der That sind wir nur an der Schwelle der Kenntnisse, die, wie sich ohne Anmaassung glauben lässt, dem Menschen über diesen Gegenstand erlaubt sind; und die vielen ausgezeichneten Physiker, welche zur Kunde desselben beitrugen, haben, wie aus ihren Schriften deutlich hervorgeht, dies bis zum letzten Augenblick empfunden.

1750. Seit wir das Dasein und die Lebensweise von Thieren, die, wie die Elektrisirmaschine, die *Volta*'sche Batterie und der Blitz, das Nervensystem zu erschüttern vermögen, durch *Richter, S'Gravesande, Firmin, Walsh, A. v. Humboldt* u. A. kennen gelernt, hat es ein steigendes Interesse erlangt, die Lebenskraft dieser Thiere als einerlei mit der Kraft, die wir aus träger Materie hervorrufen und Elektricität nennen (265. 351), nachzuweisen. Für den Zitterrochen (Torpedo) ist dies zur Genüge geschehen, und die Richtung des Stroms der Kraft bestimmt durch die vereinigten und folgeweisen Arbeiten von *Walsh*[a]), *Cavendish*[b]), *Galvani*[c]), *Gardini*[d]), *A. v. Humboldt*

---

a) Philosoph. Transact. 1773 p. 461.
b) Ibid. 1776 p. 196.
c) *Aldini*'s Essai sur le Galvanisme T. II. p. 61.
d) De Electrici ignis Natura § 71. Mantua, 1792.

und *Gay-Lussac*[a]), *Todd*[b]), Sir *Humphry Davy*[c]), *Dr. Davy*[d]), *Becquerel*[e]) und *Matteucci*[f]).

1751. Auch der Gymnotus (Zitteraal) ist zu demselben Zweck untersucht worden, und die Versuche von *Williamson*[g]), *Garden*[h]), *A. v. Humboldt*[i]), *Fahlberg*[k]) und *Guisan*[l]) sind in dem Nachweis über die Einerleiheit der elektrischen Kraft dieses Thieres mit der gewöhnlichen Elektricität sehr weit gediehen; die beiden letzten Physiker haben sogar Funken erhalten.

1752. Der Gymnotus scheint zu ferneren Untersuchungen in diesem subtilen Zweige der Wissenschaft, in gewissen Beziehungen, besser geeignet zu sein, als die Torpedo, besonders weil er, wie schon *A. v. Humboldt* bemerkt, Einsperrung erträgt, und sich länger lebend und gesund aufbewahren lässt. Einen Gymnotus hat man schon mehre Monate in Thätigkeit erhalten, während *J. Davy* die Torpedo nicht über 12 bis 15 Tage aufbewahren konnte; ja *Matteucci* war nicht im Stande von 116 Zitterrochen einen einzigen länger als drei Tage lebend zu erhalten, obwohl alle Umstände zu ihrer Aufbewahrung günstig waren[m]). Gymnoten zu erlangen, war daher eine Sache von Wichtigkeit. Angeregt sowohl als geehrt durch sehr gütige Mittheilungen des Hrn. *A. v. Humboldt*[n]), wandte ich mich im J. 1835 an das Colonial-Amt, mir einige dieser Thiere zu beschaffen, was mir denn auch versprochen wurde.

1753. Seit dem hat auch Sir *Everard Home* einen Freund beauftragt, einige Gymnoten herzusenden, und andere Herren haben sich zu gleichem Zwecke bemüht. Dieser Eifer

---

[a]) Ann. de chimie T. XIV p. 15, (*Gilb.* Ann. T. XXII p. 1.)
[b]) Philos. Transact. 1816 p. 120.
[c]) Ibid. 1829 p. 15. (Ann. Bd. XVI S. 311.)
[d]) Ibid. 1832 p. 259. (Ann. Bd. XXIII S. 542) und 1834 p. 531.
[e]) Traité de l'électricité T. IV p. 264.
[f]) Biblioth. universelle 1837 T. XII p. 163 (vergl. Ann. Bd. XXXIX S. 485; auch *Colladon* ebendaselbst S. 411. *P.*)
[g]) Philos. Transact. 1775 p. 94.
[h]) Ibid. 1775 p. 102.
[i]) Relat. hist. edit. 4 T. II p. 187 chap. XVII.
[k]) Vetensk. Akad. Handlingar 1801 p. 122. (*Gilb.* Ann. Bd. XIV S. 416.)
[l]) De Gymnoto electrico. Tubingae 1819.
[m]) Biblioth. univers. 1837 T. XII p. 174.
[n]) Vergl. Ann. Bd. XXXVII S. 241.

veranlasst mich, aus einem Schreiben des Hrn. *A. v. Humboldt*
dasjenige mitzutheilen, was ich auf meine Frage, wie man
diese Thiere am besten über den Ocean herschaffe, zur Antwort
empfing. Er sagt: »Die Gymnoten, welche in den Llanos
von Caracas (unweit Calabozo) in allen kleinen Zuflüssen des
Orinoco, im englischen, französischen und holländischen Guiana
häufig vorkommen, sind nicht schwierig zu transportiren. Wir
verloren sie in Paris nur so bald, weil sie, unmittelbar nach
ihrer Ankunft zu sehr (durch Versuche) angestrengt wurden.
Die HH. *Norderling* und *Fahlberg* hielten sie zu Paris vier
Monate lang lebend. Ich würde rathen, sie aus Surinam
(Essequibo, Demerara, Cayenne) im Sommer herüberzuschaffen,
denn der Gymnotus lebt in seinem Vaterlande im Wasser
von 25^0 C. Einige sind fünf Fuss lang, allein ich würde
rathen, die von 27 bis 28 Zoll auszuwählen. Ihre Kraft ist
veränderlich nach ihrer Nahrung und ihrer Ruhe. Da sie nur
einen kleinen Magen haben, so essen sie wenig und oft; ihre
Nahrung besteht aus gekochtem Fleisch, ungesalzenen
kleinen Fischen und selbst Brot. Ehe man sie einschifft, hat
man ihre Stärke und die passendsten Nahrungsmittel zu prüfen,
auch muss man nur solche Fische aussuchen, die schon an
die Gefangenschaft gewöhnt sind. Ich bewahrte sie in einem
Kasten oder Trog von etwa vier Fuss Länge und 16 Zoll Breite
und Höhe. Das Wasser muss süsses (*fresh*) sein, und alle
drei bis vier Tage erneut werden. Man darf den Fisch nicht
hindern an die Oberfläche zu kommen, denn er liebt es Luft
zu schöpfen. Rund um den Trog muss ein Netz gezogen
werden, denn der Gymnotus springt oft zum Wasser heraus.
Das sind alle Vorschriften, die ich Ihnen zu geben weiss.
Es ist jedoch wichtig, dass das Thier nicht gequält oder
angestrengt werde, denn durch häufige elektrische Entladungen
erschöpft es sich. In demselben Troge können mehre Gymnoten
aufbewahrt werden.«

1754. Kürzlich ist durch Hrn. *Porter* ein Gymnotus nach
England gebracht, und von den Eigenthümern der Gallerie in
der Adelaide-Strasse gekauft worden. Dieselben hatten sogleich
die Güte, mir den Fisch zum Behufe einer wissenschaftlichen
Untersuchung anzubieten, und ihn für die Zeit ganz zu meiner
Verfügung zu stellen, damit seine Kräfte (den Vorschriften des
Hrn. *A. v. Humboldt* gemäss [1753]) nicht geschwächt werden
möchten. Unterstützt von den HH. *Bradley* und *Gassiot*, zuweilen auch von den HH. *Daniell*, *Owen* und *Wheatstone*, ist

es mir gelungen, an diesem Exemplare die Identität der Kraft des Gymnotus mit der gemeinen Elektricität in jeder Hinsicht nachzuweisen (265. 351 etc.). Alle diese Beweise sind schon früher mit der Torpedo (1750) erhalten, und einige, wie z. B. Schläge, Ströme (*circuit*), Funken (1751), auch mit dem Gymnotus; dennoch glaube ich, dass der K. Gesellschaft ein kurzer Bericht von den Resultaten angenehm sein werde; ich gebe sie als nothwendige vorläufige Versuche zu der Untersuchung, die ich hoffe nach Ankunft der erwarteten Thiere (1752) anstellen zu können.

1755. Der Fisch ist vierzig Zoll lang. Er wurde im März 1838 gefangen und am 15. August in die Gallerie gebracht, wurde aber von der Zeit seiner Gefangennehmung bis zum 19. October nicht gefüttert. Vom 24. August an that Hr. *Bradley* jeden Abend etwas Blut in das Wasser, und gab ihm jeden Morgen frisches Wasser; auf diese Weise bekam das Thier vielleicht einige Nahrung. Am 19. October tödtete und frass es vier kleine Fische; seitdem wurde ihm kein Blut mehr gegeben, es nahm sichtlich zu und verzehrte im Durchschnitt täglich einen Fisch*).

1756. Ich experimentirte zuerst mit ihm am 3. September, da er anscheinend matt war, aber starke Schläge gab, als man die Hände zweckmässig auf ihn legte (1760. 1773 etc.). Die Versuche wurden an vier verschiedenen Tagen gemacht, in Zwischenzeiten der Ruhe von einem Monat bis zu einer Woche. Seine Gesundheit schien sich fortwährend zu bessern, und während dieser Zeit, zwischen dem dritten und vierten Tag, begann er zu fressen.

1757. Ausser den Händen wurden zwei Arten von Collectoren angewandt. Die eine Art bestand aus zwei Kupferstäben, jeder 15 Zoll lang, mit einer Kupferscheibe von $1\frac{1}{2}$ Zoll im Durchmesser an einem Ende, und einem Kupfercylinder, als Handhabe, an dem andern. Von der Scheibe aufwärts waren die Stäbe mit einer dicken Kautschuckröhre umgeben, um sie von dem Wasser zu isoliren. Durch diese konnten einzelne Theile des Fisches, während er im Wasser war, untersucht werden.

1758. Die andere Art von Collectoren bezweckte die Schwierigkeit zu heben, die mit der vollständigen Eintauchung

---

*) Die verzehrten Fische waren: Gründlinge, Karpfen und Barse.

des Fisches in Wasser verknüpft ist. Denn selbst wenn ich
den Funken bekam, hielt ich mich nicht überhoben, den Fisch
in die Luft zu bringen. Eine Kupferplatte, 8 Zoll lang und
2½ Zoll breit, wurde sattelförmig gebogen, damit sie über
den Fisch griff und eine gewisse Strecke des Rückens und
der Seiten einschloss, und daran war ein dicker Kupferdraht
gelöthet, um die elektrische Kraft zu dem Experimentir-Apparat
zu leiten. Ein Wamms von Tafel-Kautschuck (*jacket of sheet
caoutchouc*) wurde auf dem Sattel befestigt; die Ränder desselben ragten am Boden und an den Enden hervor, die Enden
convergirten, um in gewissem Grade sich an den Körper des
Fisches zu legen, und die unteren Ränder federten gegen eine
horizontale Fläche, auf welche die Sättel gestellt wurden.
Der etwa in das Wasser kommende Theil des Drahts war mit
Kautschuck überzogen.

1759. Diese Collectoren, auf den Fisch gesetzt, sammelten
hinreichend Kraft, um viele elektrische Effecte zu erhalten.
Wenn aber, um z. B. Funken zu erlangen, jeder mögliche
Vortheil nöthig war, wurden Glasplatten auf den Boden des
Wassers gelegt, und wenn der Fisch über ihnen war, die Conductoren auf ihn gesetzt, bis die unteren Kautschuckränder
auf dem Glase ruhten, so dass der Theil des Thiers innerhalb
des Kautschucks fast so gut isolirt war, wie wenn es sich in
der Luft befunden hätte.

1760. Schläge. Die Schläge dieses Thieres waren sehr
kräftig, wenn die Hände in günstiger Lage auf dasselbe gesetzt wurden, d. h. eine auf den Körper, nahe am Kopf, die
andere nahe am Schwanz. Je näher die Hände, bis zu gewisser Grenze, an einander gebracht waren, desto weniger stark
war der Schlag. Die Scheiben-Collectoren (1757) führten die
Schläge sehr gut zu den Händen, wenn diese angefeuchtet und
mit den cylindrischen Handhaben in genauer Berührung waren,
dagegen fast gar nicht, wenn die Handhaben auf gewöhnliche
Weise mit trocknen Händen angefasst wurden.

1761. Galvanometer. Bei Anwendung der sattelförmigen
Collectoren (1758), einen auf den Vordertheil, den andern auf
den Hintertheil des Gymnotus gesetzt, wurde leicht auf ein Gal-
vanometer eingewirkt. Dieses war nicht besonders empfindlich,
denn ein Plattenpaar, Zink und Platin, zwischen welches die
Zunge gesteckt worden, bewirkte keine grössere bleibende
Ablenkung als 25°; dann betrug, wenn der Fisch einen starken
Schlag gab, die Ablenkung 30°, und einmal sogar 40°. Die

Ablenkung hatte beständig einerlei Richtung, indem der Strom immer von dem Vordertheil des Thiers durch das Galvanometer nach dem Hintertheil ging. Der erstere war daher nach aussen positiv, der letztere negativ.

1762. Magnetisirung. Als eine kleine Schraube, aus 22 Fuss beseidetem, um eine Federpose gewickeltem Kupferdraht, in die Kette gebracht, und eine angelassene Stahlnadel hineingelegt worden, wurde diese magnetisch, und ihre Polarität entsprach jedesmal einem Strom von dem Vordertheil des Gymnotus durch die angewandten Leiter nach dem Hintertheil.

1763. Chemische Zersetzung. Eine polare Zersetzung der Jodkaliumlösung war leicht zu erhalten. Drei- oder vierfach zusammengeschlagenes Papier, mit der Lösung befeuchtet (322), wurde zwischen eine Platinplatte und das Ende eines Platindrahts gebracht, die beide mit den sattelförmigen Collectoren (1758) verbunden waren. Sobald der Draht mit dem Collector auf dem Vordertheil des Gymnotus verbunden ward, erschien an seinem Ende Jod; war er dagegen mit dem andern Collector verbunden, so schied sich nichts aus an der Stelle des Papiers, wo es zuvor erschien. Die Richtung des Stroms war also auch hier die nämliche, wie bei den früheren Proben.

1764. Durch dieses Prüfmittel verglich ich den Mitteltheil des Fisches mit andern Theilen, vorderen und hinteren, und fand dadurch, dass der auf die Mitte gesetzte Collector A negativ war gegen den Collector B, wenn dieser auf den vorderen Theilen stand, dagegen positiv gegen B, wenn dieser auf Theile näher am Schwanz gestellt war. Innerhalb gewisser Grenzen scheint demnach der Zustand des Fisches, zur Zeit des Schlages nach aussen, ein solcher zu sein, dass jeder Theil gegen die vorderen negativ, und gegen die hinteren positiv ist.

1765. Wärme-Erregung. Bei Anwendung eines *Harris*schen Thermo-Elektrometers, das Hrn. *Gassiot* gehörte, glaubten wir einmal, als die Ablenkung des Galvanometers 40⁰ betrug (1761), eine schwache Temperaturerhöhung zu bemerken. Ich selbst beobachtete indess das Instrument nicht, und einer von denen, welcher zuerst die Wirkung gesehen haben wollte, bezweifelt sie jetzt*).

---

*) Bei späteren Versuchen derselben Art konnten wir die Wirkung nicht erhalten.

1766. **Funken.** Er wurde folgendermaassen erhalten. Ein gutes magneto-elektrisches Gewinde mit einem Kern von weichem Eisen war mit einem Ende befestigt an einem der sattelförmigen Collectoren (1758), und mit dem andern an einer neuen Stahlfeile, während man eine zweite Feile mit dem Ende des anderen Collectors verbunden hatte. Eine Person rieb die Feilen an einander, während eine zweite die Collectoren auf den Fisch setzte, und ihn zur Thätigkeit anzureizen suchte. Durch die Reibung der Feilen wurde der Contact sehr oft unterbrochen und wiederhergestellt, was den Zweck hatte, den Moment zu erhaschen, wo der Strom durch den Draht und das Gewinde ging, und durch Unterbrechung des Contacts, während des Stroms, die Elektricität als Funke sichtbar zu machen.

1767. Viermal erschien ein Funke und fast alle Anwesenden sahen ihn. Dass er nicht von der blossen Reibung der Feilen herrührte, zeigte sich dadurch, dass diese allein, ohne den Fisch, einen solchen nicht lieferten. Späterhin nahm ich statt der unteren Feile eine rotirende Stahlplatte, die an einer Seite feilförmig geschnitten war, und statt der oberen Feile einen Draht von Eisen, Kupfer oder Silber. Mit jedem wurde dann .ein Funke erhalten*).

1768. Das waren die allgemeinen elektrischen Erscheinungen, die von diesem Gymnotus, während er in seinem natürlichen Element lebte, erhalten wurden. Zu verschiedenen Malen wurden mehre derselben zugleich erhalten. So wurde durch eine einzige Entladung der elektrischen Kraft des Thiers eine Stahlnadel magnetisirt, das Galvanometer abgelenkt und vielleicht ein Draht erhitzt.

1769. Ein ferneres, doch kurzes Detail von Versuchen über die Quantität und Anordnung (*Disposition*) der Elektricität in und an diesem wunderbaren Thiere wird hier, glaube ich, nicht am unrechten Orte stehen.

1770. Wenn der Schlag stark ist, ähnelt er dem einer grossen, schwach geladenen Leidner Batterie, oder dem einer guten *Volta*'schen Batterie von vielleicht hundert oder mehren

---

*) Bei einer späteren Zusammenkunft, in welcher wir versuchten, die Anziehung von Goldblättchen hervorzubringen. wurde der Funke direct zwischen zwei festen Flächen erhalten. Das Inductionsgewinde (1766) wurde entfernt und nur verhältnissmässig) kurze Drähte angewandt.

Plattenpaaren, die nur einen Moment geschlossen ist. Ich bemühte mich, eine Idee von der Elektricitätsmenge zu bekommen, indem ich eine grosse Leidner Batterie verband (291) mit zwei Messingkugeln von über drei Zoll im Durchmesser, die in einer Röhre mit Wasser sieben Zoll auseinander standen, so dass sie diejenigen Theile des Gymnotus vorstellen möchten, auf welche die Collectoren gesetzt wurden; um die Intensität der Entladung zu schwächen, war anderswo eine (*six-fold*) dicke und acht Zoll lange feuchte Schnur in den Bogen eingeschaltet, was für nöthig gefunden wurde, um zu verhüten das leichte Auftreten von Funken an den Enden der Collectoren (1758), wenn sie, wie es früher bei dem Fisch geschah, in dem Wasser nahe bei den Kugeln angewandt wurden. Wenn nach dieser Vorkehrung die Batterie stark geladen und darauf entladen wurde, während die Hände nahe bei den Kugeln in das Wasser gesteckt waren, wurde ein Schlag gefühlt, der dem von dem Fisch sehr ähnelte. Der Versuch macht zwar keinen Anspruch auf Genauigkeit, allein da die Spannung, vermöge der mehr oder weniger leichten Funkenerzeugung, in gewissem Grade nachgeahmt, und aus dem Schlage geschlossen werden konnte, ob die Menge ungefähr die nämliche war, so glaube ich, dürfen wir folgern, dass eine einzige mittlere Entladung des Fisches wenigstens gleich ist der Elektricität einer aufs Höchste geladenen Leidner Batterie von 15 Flaschen, die an beiden Seiten eine Belegung von 3500 Quadratzoll darbieten (291). Der Schluss hinsichtlich der grossen Elektricitätsmenge in einem einzigen Schlag des Gymnotus stimmt vollkommen überein mit dem Grade von Ablenkung, welche derselbe einer Magnetnadel ertheilen kann (367. 860. 1761), so wie auch mit dem Betrage der chemischen Zersetzung bei Elektrolysirungs-Experimenten (374. 860. 1763).

1771. So gross auch die Kraft in einem einzigen Schlage ist, so giebt doch der Gymnotus, wie *v. Humboldt* beschreibt und auch ich erfahren habe, einen doppelten und dreifachen Schlag; diese Fähigkeit, sogleich die Wirkung mit einer kaum merkbaren Zwischenzeit zu wiederholen, ist sehr wichtig für die Betrachtungen über den Ursprung und die Erregung der Kraft in dem Thiere. *Walsh, v. Humboldt, Gay-Lussac* und *Matteucci* haben dasselbe bei der Torpedo bemerkt, jedoch in einem weit auffallenderen (*far more striking*) Grade.

1772. Da in dem Moment, wo der Fisch einen Schlag beabsichtigt, die vorderen Theile positiv und die hinteren negativ sind, so kann daraus gefolgert werden, dass ein Strom vorhanden ist von jenen zu diesen durch jeden Theil des Wassers, welches das Thier bis zu einem beträchtlichen Abstande umgiebt. Der Schlag, den man empfängt, wenn die Hände in der günstigsten Lage sind, ist also nur die Wirkung eines sehr kleinen Theils der in diesem Augenblick von dem Thier entwickelten Elektricität; bei weitem der grösste Theil geht durch das umgebende Wasser. Dieser ungeheure Aussenstrom muss in dem Fisch begleitet sein von einer einem Strom äquivalenten Wirkung, welche die Richtung von dem Schwanz zu dem Kopfe hat und gleich ist der Summe aller dieser äusseren Kräfte. Ob der Process des Entwickelns und Erregens der Elektricität in dem Fisch die Erzeugung dieses inneren Stroms (der nicht nothwendig so schnell und momentan als der äussere zu sein braucht) einschliesse, muss für jetzt dahingestellt bleiben; allein zur Zeit des Schlags hat das Thier anscheinend nicht die elektrischen Empfindungen, welche es in seinen Umgebungen veranlasst.

1773. Mit Hülfe der Fig. 2 will ich einige experimentelle Resultate angeben, welche den den Fisch umgebenden Strom erläutern und zeigen, weshalb der Schlag durch die verschiedenen Verbindungsweisen der Person mit dem Thier, oder durch die verschiedene Lage derselben gegen dieses in seinem Charakter abgeändert wird. Der grosse Kreis stellt den Kübel vor, in welchem das Thier enthalten ist; er hält 46 Zoll im Durchmesser; die Wassertiefe beträgt 3,5 Zoll; er ruht auf drei trocknen Füssen. Die Zahlen bezeichnen die Orte, wo die Hände oder scheibenförmigen Conductoren (1757) angebracht wurden, und wenn sie dicht an dem Thiere stehen, bedeuten sie, dass dieses berührt wurde. Die verschiedenen Personen will ich durch *A*, *B*, *C* etc. bezeichnen; *A* ist die den Fisch zur Wirkung reizende Person.

1774. Wenn nur eine Hand im Wasser war, wurde der Schlag auch nur in dieser gefühlt, an was für einen Theil des Fisches sie auch angebracht ward. Er war nicht sehr stark und nur in dem in Wasser getauchten Theile fühlbar. Bei Eintauchung der Hand und eines Theils vom Arm wurde der Schlag in allen eingetauchten Theilen verspürt.

1775. Befanden sich beide Hände im Wasser und an denselben Theilen des Fisches, so war der Schlag noch verhältnissmässig schwach und bloss in den eingetauchten Theilen spürbar. Dasselbe fand statt, wenn die Hände an gegenüberliegenden Theilen, wie in 1 und 2, oder 3 und 4, oder 5 und 6 waren, oder die eine unter und die andere über diesen Stellen. Wurden die Scheiben-Collectoren an diesen Stellen angewandt, so fühlte die sie haltende Person nichts (übereinstimmend mit *Gay-Lussac's* Beobachtung an der

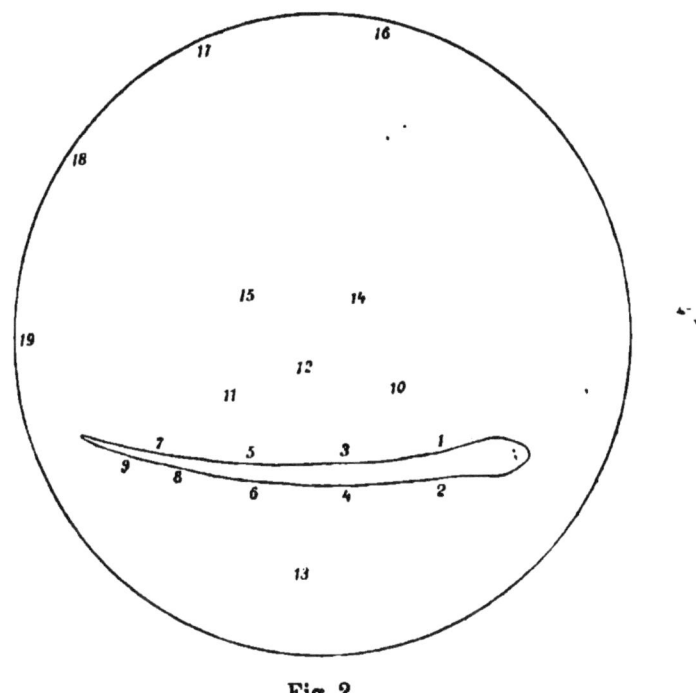

Fig. 2.

Torpedo*)), während andere Personen, mit beiden Händen in einiger Entfernung vom Fisch, beträchtliche Schläge erhielten.

1776. Wurden beide Hände oder Scheibencollectoren an Stellen gelegt, die durch einen Theil der Länge des Thieres getrennt waren, wie an 1 und 3, oder 4 und 6, oder 3 und 6, so erfolgten starke Schläge, die sich bis zu den Armen des

*) Ann. de chim. et de phys. T. XIV, p. 18.

Experimentators ausdehnten, obwohl eine andere Person, mit einer einzigen Hand an irgend einer dieser Stellen, verhältniss-mässig wenig fühlte. Aus Theilen, die, wie 8 und 9, dem Schwanz sehr nahe waren, liessen sich Schläge erhalten. Ich glaube, sie waren am stärksten bei etwa 1 und 8. So wie die Hände näher zusammengebracht wurden, nahm die Wirkung ab, und wenn sie in denselben Querschnitt gekommen, war dieselbe, wie schon erwähnt, nur in den eingetauchten Theilen spürbar (1775).

1777. *B* brachte die Hände nach 10 und 11, wenigstens 4 Zoll vom Fische, während *A* denselben mit einem Glassstab berührte, um ihn zur Wirkung zu reizen; alsbald erhielt *B* einen kräftigen Schlag. Bei einem andern Versuch, ähnlicher Art, in Bezug auf die Unnöthigkeit der Berührung des Fisches, erhielten mehre Personen unabhängig von einander Schläge, so *A* in 4 und 6, *B* in 10 und 11, *C* in 16 und 17, *D* in 18 und 19. Alle wurden auf einmal erschüttert, *A* und *B* sehr stark, *C* und *D* schwach. Bei Versuchen mit dem Galvanometer oder anderen instrumentellen Vorrichtungen ist es sehr nützlich, dass eine Person ihre Hände in mässiger Entfernung vom Thiere in Wasser halte, damit sie erfahre und benachrichtige, wann eine Entladung stattfinde.

1778. Wenn *B* beide Hände in 10 und 11 oder 14 und 15 hatte, während *A* nur eine Nadel in 1 oder 3 oder 6 hielt, so empfing der Erstere einen starken Schlag, der Letztere dagegen nur einen schwachen, obwohl er den Fisch berührte. Dasselbe geschah, wenn *A* beide Hände in 1 und 2, oder 3 und 4, oder 5 und 6 hielt.

1779. Hielt *A* beide Hände in 3 und 5, *B* in 14 und 15, und *C* in 16 und 17, so empfing *A* den stärksten Schlag, *B* den weniger starken und *C* den schwächsten.

1780. Wenn *A* den Gymnotus in 8 und 9 mit den Händen reizte, während *B* die seinigen in 10 und 11 hielt, so empfing der Letztere einen weit stärkeren Schlag als der Erstere, obwohl dieser das Thier berührte und reizte.

1781. *A* reizte den Fisch durch die eine Hand bei 3, *B* hatte die Hände bei oder längs 10 und 11, und *C* die seinigen in oder quer bei 12 und 13. Dann bekam *A* einen prickelnden Schlag nur in der eingetauchten Hand (1774), *B* einen stärkern Schlag hinauf zu den Armen, und *C* bloss in den eingetauchten Theilen eine schwache Wirkung.

1782. Die eben beschriebenen Versuche sind von der Art,

dass sie viele Wiederholungen bedürfen, ehe mit Sicherheit allgemeine Schlüsse aus ihnen gezogen werden können. Auch behaupte ich nicht, dass sie mehr seien als Anzeigen über die Richtung der Kraft. Es ist nicht ganz unmöglich, dass der Fisch das Vermögen besitze, jedes seiner vier elektrischen Organe einzeln in Wirksamkeit zu setzen, und so bis zu einem gewissen Grade den Schlag zu lenken, d. h. den elektrischen Strom von einer Seite auszusenden, und zugleich die andere Seite seines Körpers in solchen Zustand zu versetzen, dass er sich in dieser Richtung als ein Nichtleiter verhalte. Allein ich glaube, die Erscheinungen und Resultate sind von der Art, dass sie den Schluss verbieten, er habe eine Controle über die Richtung der Ströme, nachdem sie in die Flüssigkeit und die ihn umgebenden Substanzen eingetreten sind.

1783. Die Angaben gelten auch nur, wenn der Fisch gerade ausgestreckt liegt, denn wenn er sich gekrümmt hat, sind die Kraftlinien um ihn in ihrer Intensität verschieden, in einer Weise, die sich theoretisch voraussetzen lässt. Werden die Hände z. B. in 1 und 7 angebracht, so steht ein schwächerer Strom in den Armen zu erwarten, wenn der Fisch mit dieser Seite nach innen gekrümmt ist, als wenn er ausgestreckt liegt, weil der Abstand zwischen den Theilen verringert worden, und das dazwischen befindliche Wasser deshalb mehr von der Kraft leitet. Was aber die zwischen 1 und 7 in das Wasser eingetauchten Theile oder Thiere, wie Fische, betrifft, so werden sie stärker, statt schwächer, erschüttert.

1784. Aus allen Versuchen, so wie aus einfachen Betrachtungen ist klar, dass alles Wasser und alle den Fisch umgebenden leitenden Substanzen, durch welche eine Entladungskette in irgend einer Weise geschlossen werden kann, in dem Moment mit circulirender elektrischer Kraft erfüllt ist; und dieser Zustand lässt sich im Allgemeinen leicht durch Zeichnung der Linien der Inductionswirkung (1231. 1304. 1338) veranschaulichen. Bei einem auf allen Seiten gleichmässig vom Wasser umgebenen Gymnotus werden sie im Allgemeinen wie die magnetischen Curven eines Magnets angeordnet sein, und dieselbe gerade oder krumme Gestalt wie das Thier haben, vorausgesetzt, dass dieses, wie zu erwarten steht, seine elektrischen Organe auf einmal gebrauche.

1785. Dieser Gymnotus vermag Fische zu betäuben und zu tödten, die sich in verschiedenen Lagen gegen seinen

Körper befinden; allein einst als ich ihn fressen sah, schien mir seine Wirkung eigenthümlich. Ein lebender, etwa fünf Zoll langer Fisch wurde in den Kübel gethan. Augenblicklich schwang sich der Gymnotus herum, so dass er einen den Fisch einschliessenden Ring (coil) bildete, von dem der Letztere den Durchmesser bildete; er gab einen Schlag und sogleich war der Fisch in der Mitte des Wassers bewegungslos, wie vom Blitz getroffen, mit der Seite nach oben schwimmend. Der Gymnotus machte ein oder zwei Mal die Runde, um nach seiner Beute zu sehen, verschluckte sie, nachdem er sie gefunden, und suchte dann nach mehr. Ein zweiter kleiner Fisch, der ihm gegeben ward und auf dem Transport verletzt worden, zeigte nur wenig Lebenszeichen und wurde von ihm auf einmal verschluckt, anscheinend ohne von ihm Schläge zu erhalten. Dass der Gymnotus sich hier um seine Beute schlang, hatte ganz das Ansehen, wie wenn darin eine Absicht läge, die Kraft des Schlages zu verstärken, und offenbar war es dazu ausserordentlich wohl geeignet (1783), da es völlig übereinstimmt mit wohlbekannten Gesetzen der Entladung von Strömen in Massen von leitenden Substanzen; und obwohl der Fisch diesen Kunstgriff nicht immer ausübt, so ist doch sehr wahrscheinlich, dass er seines Vortheils bewusst ist, und in nöthigen Fällen davon Gebrauch macht.

1786. Da das Thier inmitten eines so guten Leiters, als Wasser, lebt, so muss es anfangs in Erstaunen versetzen, wie es irgend etwas merklich elektrisiren könne, allein bei geringem Nachdenken erkennt man bald manche Umstände von grosser Schönheit, welche die Weisheit der ganzen Einrichtung darthun. So das Leitungsvermögen, welches das Wasser selbst besitzt, und das, welches es der feuchten Haut des zu erschütternden Fisches oder Thieres giebt; die Grösse der Fläche, durch welche der Fisch und das die Entladung leitende Wasser in Berührung stehen. Alles dieses begünstigt und verstärkt den Schlag auf das verurtheilte Thier, und steht im vollständigsten Contrast mit der Unwirksamkeit der Umstände, die existiren würden, wenn der Gymnotus und der Fisch von Luft umgeben wären; und zu gleicher Zeit als die Kraft eine von geringer Intensität ist, so dass eine trockne Haut sie abwehrt, während eine feuchte sie leitet (1760), ist sie eine von grosser Quantität (1770), so dass, obwohl das umgebende Wasser viel fortführt, doch genug zum vollen Effect seinen Lauf durch den Körper des zur

Nahrung zu fangenden Fisches, oder des zu besiegenden Feindes nehmen kann.

1787. Ein anderes merkwürdiges Resultat der Beziehung des Gymnotus und seiner Beute zu dem umgebenden Mittel besteht darin, dass, je grösser der zu tödtende oder betäubende Fisch, desto stärker der auf ihn wirkende Schlag sein wird, wenn auch der Gymnotus eine gleiche Kraft anwendet; denn bei einem grossen Fisch werden diejenigen Elektricitätsströme durch seinen Körper gehen, die bei einem kleinen unschädlich vom Wasser daneben fortgeführt werden.

1788. Der Gymnotus scheint zu fühlen, wann er ein Thier geschlagen hat, und erfährt es wahrscheinlich durch den mechanischen Impuls, den er empfängt, in Folge der Krämpfe, in die es versetzt wird. Wenn ich ihn mit den Händen berührte, gab er mir einen Schlag nach dem andern; berührte ich ihn aber mit Glassstäben oder den isolirten Conductoren, so gab er nur einen oder zwei Schläge (wie es Andere mit den Händen in einiger Entfernung fühlten), und hörte dann damit auf, wie wenn er bemerkt hätte, dass er nichts ausrichtete. Ferner: wenn ich ihn behufs der Experimente mit dem Galvanometer oder einem andern Apparat mehrmals mit den Conductoren berührt hatte, er matt und gleichgültig zu sein schien, nicht gewilligt Schläge zu geben, und ich berührte ihn nun mit den Händen, so zeigte er, unterrichtet durch deren convulsivische Bewegung, dass er ein empfindsames Wesen neben sich habe, sogleich seine Kraft und seine Willigkeit den Experimentator zu schrecken.

––––––––

1789. *Geoffroy St. Hilaire* hat bemerkt, dass die elektrischen Organe der Torpedo, des Gymnotus und ähnlicher Fische nicht als wesentlich verknüpft mit denen angesehen werden können, die für das Leben des Thieres von hoher und directer Wichtigkeit sind, sondern dass sie eher zu den gewöhnlichen Tegumenten gehören. Auch hat man gefunden, dass Torpedos, denen ihre eigenthümlichen Organe genommen worden, fortfuhren zu leben, ganz so gut wie die, denen man sie gelassen hatte. Diese und andere Betrachtungen liessen mich hoffen, dass diese Theile bei genauerer Untersuchung sich als einen natürlichen Apparat ergeben würden, mittelst dessen wir die Principien der Action und Reaction auf

die Erforschung der Natur des Nerveneinflusses an-
zuwenden vermöchten.

1790. Die anatomische Beziehung des Nervensystems zu
dem elektrischen Organ; die sichtliche Erschöpfung der Nerventhätigkeit während der Elektricitätserzeugung in jenem Organ;
die scheinbar äquivalente Elektricitätserzeugung in Verhältniss
zur Quantität der verbrauchten Nervenkraft; die constante
Richtung des erzeugten Stroms mit ihrer Beziehung zu dem,
was vermuthlich eine gleichfalls constante Richtung der zu
gleicher Zeit in Wirksamkeit gesetzten Nerventhätigkeit ist:
Alles lässt mich glauben, dass es nicht unmöglich sei, dass,
bei gewaltsamer Durchleitung von Elektricität durch das Organ,
eine Rückwirkung auf das zu ihm gehörige Nervensystem
stattfinde, und dass zu grösserem oder kleinerem Grade eine
Wiederherstellung dessen, was das Thier während des Acts
der Stromerzeugung verbraucht, vielleicht vor sich gehen
könnte. Wir haben die Analogie in der Beziehung zwischen
Wärme und Magnetismus. *Seebeck* hat uns gelehrt, Wärme
in Magnetismus zu verwandeln, und *Peltier* hat uns später
genau das Umgekehrte gegeben, gezeigt wie die Elektricität
in Wärme zu verwandeln sei *(shown us how to convert the
electricity into heat, including both its relation of hot and cold*.
Oersted zeigte, wie wir elektrische Kräfte in magnetische zu
verwandeln haben, und ich hatte die Freude, das zweite Glied
zur vollständigen Relation hinzuzufügen, indem ich rückwärts
die magnetischen Kräfte in elektrische verwandelte. So haben
wir vielleicht in diesen Organen, worin uns die Natur den
Apparat gegeben, durch den das Thier Nerventhätigkeit
ausüben und in elektrische Kräfte verwandeln kann, unter
jenem Gesichtspunkt vielleicht eine Kraft, weit stärker als
die des Fisches selbst, elektrische Kräfte in Nervenkraft um-
zuwandeln.

1791. Es mag vielleicht die Annahme, dass die Nerventhätigkeit solchen Kräften wie Wärme, Elektricität und Magnetismus in gewissem Grade analog sei, als eine sehr wilde
erscheinen. Ich nehme es jedoch auch nur an als eine Ver-
anlassung zur Anstellung gewisser Versuche, die, je nachdem
sie bejahende oder verneinende Resultate geben, fernere
Erwartungen reguliren werden. Und was die Natur der
Nervenkraft betrifft, so glaube ich, dass die Ausübung derselben, welche längs den Nerven zu den verschiedenen von
ihnen in Thätigkeit gesetzten Organen geführt wird, nicht das

directe Lebensprincip sei, weshalb ich keinen natürlichen Grund sehe, weshalb es uns nicht in gewissen Fällen vergönnt sein sollte, den Lauf derselben zu bestimmen, so gut als zu beobachten. Manche Physiker halten die Kraft für Elektricität. *Priestley* stellt diese Ansicht im J. 1774 unter einer sehr auffallenden und deutlichen Form auf, sowohl in Bezug auf gewöhnliche Thiere als auf elektrische, wie die Torpedo*). Dr. *Wilson Philip* hält das Organ in gewissen Nerven für Elektricität, modificirt durch die Lebensthätigkeit**). *Matteucci* meint, die Nervenflüssigkeit oder Thätigkeit (*energy*), wenigstens in den zum elektrischen Organ gehörenden Nerven, sei Elektricität***). *Prevost* und *Dumas* glauben, dass sich in den zu den Muskeln gehörenden Nerven Elektricität bewege, und *Prevost* fügt zur Stütze dieser Ansicht einen schönen Versuch hinzu, bei welchem Stahl magnetisirt worden; sollte dieser durch fernere Beobachtung und durch andere Physiker bestätigt werden, so wäre er von der höchsten Wichtigkeit für die Fortschritte dieses erhabenen Zweiges der Wissenschaft****). Obgleich ich mich bis jetzt durch die Thatsachen noch nicht habe überzeugen können, dass die Nervenflüssigkeit nur Elektricität sei, so glaube ich doch, dass das Agens in dem Nervensystem eine unorganische Kraft sei; und wenn es Gründe giebt, den Magnetismus für eine höhere Kraft (*relation of force*) zu halten als die Elektricität (1664. 1732. 1734), so lässt sich auch wohl denken, dass die Nervenkraft eine noch höhere sei (*of a still more exalted character*) und doch in dem Bereich des Versuches liege.

1792. Ich bin dreist genug folgenden Versuch vorzuschlagen.

---

*) *Priestley*, on Air Vol. I p. 277, Edition of 1774.
**) Dr. *Wilson Philip* ist der Meinung, dass die Nerven, welche die Muskeln anregen und die chemischen Veränderungen der Lebensfunctionen hervorbringen, durch die vom Gehirn und Rückenmark gelieferte und durch die Lebenskraft des lebenden Thieres in ihren Effecten abgeänderte elektrische Kraft wirken. weil er, wie er mir sagt, schon 1815 gefunden, dass, während die Lebenskräfte verbleiben, alle diese Functionen nach der Fortnahme des Nerveneinflusses eben so gut durch die *Volta*'sche Elektricität, als durch jenen Einfluss selbst hervorgebracht werden können. Am Schlusse jenes Jahres übergab er der K. Gesellschaft einen Aufsatz, welcher in einer deren Sitzungen vorgelesen ward, und worin er von den diesen Satz begründenden Versuchen Nachricht giebt.
***) Biblioth. universelle 1837 T. XII p. 192.
****) do. do. 1837 T. XII p. 202. T. XIV p. 200.

Wenn ein Zitteraal oder Zitterroche durch häufige Anstrengung der elektrischen Organe ermattet ist: würde die Absendung von Strömen ähnlicher Art als er ausschickt, oder von anderen Kraftgraden, entweder continuirlich oder intermittirend, in derselben Richtung als er sie fortsendet, seine Kräfte wieder herstellen und rascher, als wenn er in seiner natürlichen Ruhe gelassen wäre?

1793. Wird die Durchsendung von Strömen in entgegengesetzter Richtung das Thier rasch erschöpfen? Es giebt, denke ich, Gründe zu glauben, dass die Torpedo (und vielleicht auch der Gymnotus) von elektrischen Strömen, die bloss durch das elektrische Organ gesandt werden, nicht sehr beunruhigt oder gereizt wird, so dass also die Anstellung dieser Versuche nicht sehr schwierig scheint.

1794. Die Einrichtung der Organe in der Torpedo giebt noch fernere Versuche nach demselben Princip an die Hand. Wenn z. B. ein Strom in der natürlichen Richtung, d. h. von unten herauf durch das Organ, an der einen Seite des Fisches, gesandt wird: würde dies das Organ der anderen Seite in Thätigkeit setzen? Oder wenn man denselben in umgekehrter Richtung durchleitete: würde dies denselben oder sonst einen Effect auf jenes Organ ausüben? Würde es der Fall sein, wenn die den Organen vorhergehenden Nerven unterbunden wären? Würde es der Fall sein, wenn man das Thier zuvor durch Schläge so erschöpft hätte, dass es unfähig wäre, durch eigenen Willen das Organ bis zu irgend einem oder ähnlichen Grad in Thätigkeit zu setzen?

1795. Dies sind einige der Versuche, welche durch den Bau und die Beziehung der elektrischen Organe dieser Fische an die Hand gegeben werden. Andere mögen nicht so von ihnen denken; allein ich kann nur sagen, dass, wenn mir die Mittel zu Gebote ständen, ich selbst der Erste wäre, der sie anstellen würde.

Royal Institution, 9. November 1838.

Anmerkungen.

1) *Zu S. 3.* Die vierzehnte Reihe wurde im Juni 1838 in der Royal Society vorgetragen. Sie bringt eine Zusammenfassung der Anschauungen, die *Faraday* während der ganzen Zeit seiner Entdeckungen sich gebildet hat, und daher kann diese Darstellung als Ausgangspunkt der Theorien betrachtet werden, die in den nächstfolgenden magnetischen Forschungen in den Vordergrund treten und erst später, besonders durch *Maxwell, Hertz, Boltzmann* u. A. als Fundament einer neuen Theorie Anerkennung fanden.

2) *Zu S. 6.* Eine offenbar irrige Behauptung, derzufolge eine Leydener Batterie, deren äussere Belegung abgeleitet ist, sich nie entladen könnte.

3) *Zu S. 7.* Der Ausdruck »gebundene Elektricität« ist trotz der hier laut gewordenen Angriffe in der Wissenschaft beibehalten worden und mit Recht. Die auf einem Leiter angesammelte durch Influenz angezogene Elektricität, die sich bei Berührung mit einer Ableitung nicht entfernen kann, verdient recht wohl die Bezeichnung »gebunden«. Der Vergleich mit der isolirten Kugel mitten im Zimmer klärt dagegen nichts auf. Freilich werden die Wände des Zimmers gebundene Elektricität enthalten, allein die Hauptsache bleibt in diesem Falle unerörtert, die Frage nämlich, ob die Wände des Zimmers als mit der Erde verbundene gute Leiter angesehen werden können. Nur in diesem Falle darf von gebundener Elektricität gesprochen werden. Der Ausdruck freie Elektricität kommt ja auch nur in Betracht, wenn die Ableitung von der einen Belegung fortgenommen und nun der anderen genähert wird. Was sich jetzt entladet, ist die sogenannte »freie Elektricität«. Zu Irrthümern hat diese Anschauung nur in der Lehre von den Partialentladungen geführt, eine Lehre, die indess keineswegs als logische Consequenz jener »freien Elektricität« angesehen werden darf.

4) *Zu S. 10.* So lautet die Stelle im Original, wie in der Uebersetzung von *Poggendorff*. Offenbar muss es heissen: dass zwei Seiten senkrecht zur optischen Axe waren, und die vier anderen ihr parallel«.

5) *Zu S. 16.* Ein auffallender Ausspruch, der unhaltbar ist, auch wenn man den etwas unklaren Ausdruck »Portion« verbessert. Abgesehen hiervon ist die Grundanschauung, die *Faraday* in diesem Paragraph 1707 vertritt, sehr beachtenswerth. Sie ist lange Zeit unverstanden geblieben und erst sehr spät von *Helmholtz* angenommen und der ganzen neueren Theorie der Elektrolyse zu Grunde gelegt worden.

6) *Zu S 17.* Zu *Faraday's* Zeit schrieb man für Wasser H O. Hätte er, wie jetzt geschieht, H_2O geschrieben, so wäre nach der Theorie des § 1708 die geringe Dissociation des Wassers erklärt. Schwerlich dürfte indess heute die Erklärung *Faraday's* zugelassen werden, giebt es doch viele Chloride MA_2 die, gelöst, sehr stark dissociirt sind.

7) *Zu S 17.*. Auch dieser Abschnitt ist für *Faraday's* Lehre von Bedeutung.

8) *Z S. 27.* Dieser Paragraph bringt eine Theorie, die der neuesten Lehre von dem Ursprung des galvanischen Stromes an die Seite gestellt werden kann. An eine Contacttheorie wird nicht einmal mit Andeutungen gedacht.

9) *Zu S. 30.* Diese Reihe, die wir der Vollständigkeit wegen mit aufnehmen, steht weder mit dem Vorhergehenden, noch mit den folgenden Untersuchungen in Beziehnung. Sie wurde im December 1838 in der Royal Society vorgetragen. Die Versuche § 1773—1783 sind nicht ohne Interesse, desgleichen die am Schluss verzeichneten Aufgaben für spätere Forscher.

A. J. v. Oettingen.

Druck von Breitkopf & Härtel in Leipzig.